1

1+1=2：数学的溯源

$$1 + 1 = 2$$

数学独立于时空之外，在哪个宇宙都是亘古不变的。

从远古说起

　　在远古时期，两个古埃及人若是在尼罗河捕到了 3 条鱼，那会是他们一天中最幸福的时刻。因为在物资极其匮乏的原始部落里，3 是他们能想到的最大的数字。如果一个数字大于 3，他们的脑袋就会变成一团乱麻，只能回答"许多个"或者"数不清"。

　　但很快，这两个古埃及人开始苦恼起来，香气扑鼻的烤肉味使他们在心中打起了小算盘。两人偷偷地摆弄起自己的手指计数：每人一条鱼，那就是 | 和 |，摆在一起显然是 | |，那剩下的鱼怎么办呢？将它带回去赠给年逾古稀的酋长，还是献祭给护佑部落的法老，或者直接丢回尼罗河，让它回归自己的故乡？

　　第 3 条鱼宿命如何，我们不知道，但是在分配食物的过程中，祖先在有了"数量"的概念之后，逐渐意识到了 1+1=2，这看似小儿科，却是人类文明史上极其伟大的时刻。因为在祖先认识到两数相加得到另一个确定的数时，已经具备了超越其他种族的数学思维，并且发现了"数学"的一个重要的性质 —— 可加性。

　　1+1=2，关于这个公式，它直接涉及的就是加法和自然数[1]。它看似简单，却是数学最原始的种子，有了这颗种子，数学这棵树才开始生根发芽、茁壮成长，直至今天成为人类文明的基石之一。

1　自然数：用以计量事物的件数或表示事物次序的数，即用数码 0，1，2，3，4…所表示的数。自然数分为偶数和奇数、合数和质数等。

加法和自然数

　　我们已经无从考证，加法究竟产生于何时，但从文字记载中发现，加法和减法运算是人类最早掌握的两种数学运算。古埃及的阿默斯纸草书中就用向右走的两条腿"、、"表示加号，向左走的两条腿"〆〆"表示减号。

　　目前通用的"+""-"出现于欧洲的中世纪时期，当时酒商在售出酒后，曾用横线标出酒桶里的存酒，而当桶里的酒增加时，便用竖线把原来画的横线划掉，于是就出现"-"和"+"两个符号。1630年以后，"+"作为运算符号得到公认。

自然数比"+""-"出现得更早。大约在 1 万年以前，冰河退却的石器时代，马背上的游牧狩猎者开始了一种全新的生活，他们从马背上跳了下来选择农耕，虽然吟游诗人一直在歌颂自由的游猎生活，但那只是表面的风光。实际上，寻找到一块肥沃的土地定居下来，刀耕火种才能让一个家吃饱穿暖，繁衍后代。

这是一种巨大的改变，与简单粗暴的掠夺方式不同，他们需要掌握更多的数学知识，记录季节和日期，计算收成和种子。这让这群四肢发达的壮汉很是头疼。

在尼罗河谷、底格里斯河与幼发拉底河流域，很快就发展起了更复杂的农业社会，这群刚进入新时代的农民还遇到了交纳租税的问题。显然，过去石器部落文化里总结的"1、2、3"已远远不够用了，人们迫切需要"数"有名称，而且计数必须更准确。

然而，没有人见过自然数，也没有人知道它是怎么排列分布的。

自然数是用以计量事物的件数或表示事物次序的数。它的分布或许是兜兜转转一个圈，或许是螺旋交错缠绕式，或许是放射爆炸发散式……不同的选择就会有不同的结果。数学最后选择的是不可逆的直线式的有序体系，如图 1-1 所示，自然数也有了统一的表现方式。

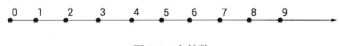

图 1-1　自然数

自然数和加法的出现，标志着人类有了自己的数学"桥头堡"。从此，人类开启了智力之路的漫漫长征。

皮亚诺的五条公理

我们都知道 1+1=2，但你是否想过 1+1 为什么等于 2？

一旦思考这个问题，就会陷入无穷无尽的烦恼之中——只要涉及本质的追问，人类总是手足无措，就像我们追问宇宙大爆炸中谁是"第一推动力"一样。

很多人会说，这个公式是无须证明、无须解释的。但那些真理的信徒并不认为这是一个好答案，他们热衷于"钻牛角尖"：凭什么1+1=2 就不需要证明了？

有几位数学家孜孜不倦地在探索中为我们解答了这一问题。其中，意大利数学家皮亚诺用公理[1]把自然数安放在了数学世界中，用五条公理建立了一阶算术系统，可以用来推导出 1+1=2 这一最简单的等式。

公理 1：0 是自然数。

茫茫的数学宇宙里，从此有了第一个身影——0，如图 1-2 所示。

.0

图 1-2　0

公理 2：每一个确定的自然数 a，都有一个确定的后继数[2] a'，a' 也是自然数。

那么，这个自然数起点 0 是怎么爆发的呢？后继数会以什么样的形式出现？是调皮地围着 0 转，还是偷偷地跑到 0 的后面，抑或是狠心地留 0 在那儿？

公理 2 做出了选择，让偌大的数学空间中出现的每个数都拥有一个确定的后继数陪伴着自己，如图 1-3 所示。

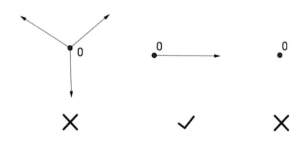

图 1-3　后继数

公理 3：0 不是任何自然数的后继数。

为了避免后继数不守规矩跑到 0 的前面，公理 3 确定了 0 必须也只能是自然数的第一个数。但是防不胜防，这群后继数也没那么安分，有可能 2 的后继数 $2' = 3$，也可能 3 的后继数 $3' = 3$，如图 1-4 所示。

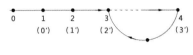

图 1-4　前后相继（1）

公理 4：不同的自然数有不同的后继数。

为避免上述情况，公理 4 定义：如果 n 与 m 均为自然数且 $n \neq m$，那么 $n' \neq m'$；如果 b、c 均为自然数，且 $b' = c'$，那么 $b = c$。同一个自然数的后继数相等，不同自然数的后继数不相等。这样，3 就不可能既是 2 的后继数，也是 3 的后继数了。但如果出现图 1-5 中 2.5 这样的数呢？

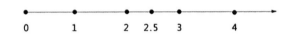

图 1-5　前后相继（2）

为了杜绝 2.5 这样的非自然数出现，公理 5 出现了。

公理 5：假定 $P(n)$ 是自然数的一个性质，如果 $P(0)$ 是真的，且假定 $P(n)$ 是真的，则 $P(n')$ 也是真的，那么命题对所有自然数都为真。

它还有另外一种表述形式。

设 S 是自然数集的一个子集，且满足：（1）0 属于 S；（2）如果 n 属于 S，那么 n' 也属于 S，则 S 是包含全体自然数的集合，即 $S=\mathbf{N}$。

这里的说法可能会有点拗口，但皮亚诺是一个颇有潜力的"饶舌歌手"。其实这是数学中的归纳公理，也就是说，如果定义了一个自然数的性质，那么所有自然数都将满足这个性质，不满足的就不是自然数。这样，我们可以定义自然数系：存在一个自然数系 $\mathbf{N}$，当且仅当这些元素满足公理 1~5 时，称其元素为自然数。

然后，定义加法是满足以下两种规则的运算：

（1）对于任意自然数 m，$0 + m = m$；

（2）对于任意自然数 m 和 n，$n' + m = (n+m)'$。

这样，我们就可以证明 $1+1=2$：

$$1+1 = 0' + 1 = (0+1)' = 1' = 2$$

或者

$$1+1 = 0' + 0' = 0'' = 2$$

因为 $1+1$ 的后继数是 1 的后继数的后继数，即 3；又因为 2 的后继数也是 3，根据皮亚诺公理 4，不同自然数的后继数不同，反之，如果两个自然数的后继数相同，那么这两个自然数就相等，所以 $1+1=2$。

这样，根据皮亚诺五条公理建立起来的皮亚诺一阶算术系统，我们就推导出了 1+1=2。

哥德巴赫猜想 另一个"1+1"

如何推导出 1+1=2，数学家在自己的世界里寻找到了一个相对满意的答案，虽然有点"自欺欺人"，但总算放下了心里的一块石头。然而，比这个更麻烦的，是解决世间另一个"1+1"，这才是历代数学家的心头之痛。

哥德巴赫猜想是数学皇冠上一颗可望而不可即的"明珠"，堪称世界近代三大数学难题之一。

在 18 世纪前后，德国一个富家子弟哥德巴赫厌倦了锦衣玉食的生活，于是在某个失眠的夜晚过后，不顾家人阻拦，跑去做了一名中学教师，还从此一发不可收地爱上了数学，就连晚上回家休息也在捣鼓阿拉伯数字。他生平最喜欢玩的游戏竟是加法运算，而且还在玩加法游戏的过程中发现了一个规律：任何大于 5 的奇数都是三个素数[1]之和。但令他无奈的是，他虽然发现了这个神秘的数学规律，却怎样也无法证明自己的发现。后来，他只能求助于当时数学界的权威人士欧拉。

1742 年 6 月 7 日，哥德巴赫写信给欧拉，提出任何大于 5 的奇数都是三个素数之和。随便取一个奇数77，可写成三个素数之和，77=53+17+7。再任取一个奇数461，461=449+7+5，也是三个素数之和；461还可以写成257+199+5，仍然是三个素数之和。

没想到数学家欧拉居然也被这个问题给难住了。1742年6月30日，欧拉给哥德巴赫回信：这个命题看来是正确的，但我也给不出严格的证明。为了挽回自己的面子，"狡猾"的欧拉同时还提出了另一个等价命题：任何一个大于2的偶数都是两个素数之和。

这样一个"任一充分大的偶数，都可以表示为一个素因子个数不超过 a 个的数，与另一个素因子不超过 b 个的数之和"的命题，就被记作 $a+b$，哥德巴赫猜想（也称哥德巴赫 - 欧拉猜想）也因此被称为另一个"1+1"。迄今为止，这个"1+1"只留下一份如图1-6所示的稀世手稿，而有关它的证明依然在困扰着数学界。

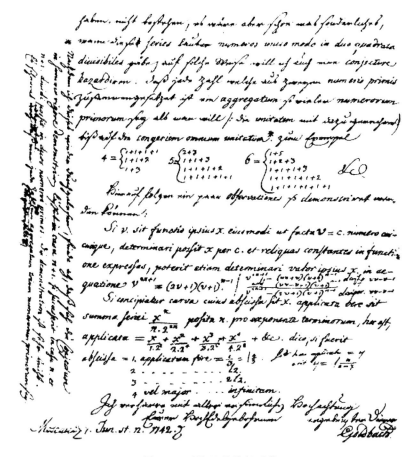

图1-6　哥德巴赫猜想手稿

二进制世界里的 1+1

德国图林根著名的郭塔王宫图书馆中有一份弥足珍贵的手稿，它的标题为："1 与 0，一切数字的神奇渊源。这是造物秘密的美妙典范，因为，一切无非都来自上帝。"

这是德国天才大师莱布尼茨的手迹，他用异常精炼的描述，展示了一个神奇美妙的数字系统——二进制。他告诉我们：1+1≠2，在计算机代码的世界里，1+1=10。

莱布尼茨在 1697 年还特意为"二进制"设计了一枚银币，如图 1-7 所示，并把它作为新年礼物献给他的保护人奥古斯特公爵。莱布尼茨设计此银币的目的是，以公爵的身份来引起人们对他创立的二进制的关注。

图 1-7 "二进制"银币的反面

银币正面是威严的公爵图像，幽暗的瞳孔似乎在沉思什么；反面则刻画着一则创世故事——水面上笼罩着黑暗，顶部光芒四射……中间部分雕刻的是从 1 到 17 的二进制数学式。

二进制是计算机技术中广泛采用的一种数制。二进制数据是用 0 和 1 两个数码来表示的。它的基数为 2，进位规则是"逢二进一"，借位规则是"借一当二"。当前的计算机系统使用的基本上都是二进制系统，数据在计算机中主要是以补码[1]的形式存储的。

可以说，从 20 世纪第三次科技革命爆发以来，人类就进入了计

1 补码：在计算机系统中，数值一律用补码来表示和存储。原因在于，使用补码可以将符号位和数值域统一处理；同时，加法和减法也可以统一处理。此外，补码与原码相互转换，其运算过程是相同的，不需要额外的硬件电路。

算机时代，我们在虚拟的网络里游戏、社交、狂欢。到了 21 世纪，我们开始致力于人工智能的开发，而这些东西本质上都是由计算机实现的。在未来，完全身处于数字时代的我们，必将被二进制代码笼罩。这个世界，1+1 就只可能等于 2 吗？

结语
人类文明的"根"

不管是现实生活中简单易懂的 1+1=2，还是互联网世界里的 1+1=10，都以其自身的客观性和普适性在时间长河里自证"伟大"。

1+1=2 种下了数学的种子，推动了理性世界的基本运转。它简洁美妙，无处不在，是人类文明重要的"根"。

勾股定理：数与形的结合

$$a^2 + b^2 = c^2$$

人类历史上第一次把"数"与"形"相结合。

勾三股四弦五

已知一个直角三角形，两条直角边长分别为 3 和 4（图 2-1），那么斜边的长是多少？

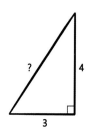

图 2-1　直角三角形

相信你很快就可以得出 5 这个答案，但最早得出这个答案的人，是我们的祖先商高。在公元前 11 世纪，商高抢答了这个问题 ——"勾三股四弦五"。

商高作为周朝的贵公子，不爱占卜观天，不爱斗蛐遛马，整天在屋里研究数学。周公作为长辈，十分担忧他闷出病。有一天，周公特意把他叫来，问商高到底在研究什么，商高答曰："故折矩以为勾广三，股修四，径隅五。"也就是说，直角三角形的两条直角边勾和股分别为 3 和 4 个长度单位时，径隅（弦）为 5 个长度单位。

商高在发现了直角三角形的奥妙之后，就没有再研究下去，错失了"注册商标"的千古良机。直到三国时赵爽创制了一幅"勾股圆方图"，又称弦图。他采用数形结合的方法对弦图进行了详细注释，能够对所有直角三角形都符合勾股定理做出解释，被视为具有东方特色的勾股定理无字证明法。此时，勾股定理才算真正诞生。

再后来，中国另一位数学大家刘徽出世。他是魏晋时自学成才的数学家，《九章算术》最优秀的注释员，他析理以辞，解体用图，把各种复杂之物都能够解释得透彻清晰。他最突出的成就，是给出了古希腊方法之外第一份对勾股定理有记载的证明。

他从三个正方形开始研究，以直角三角形短直角边（勾）a 为边的正方形为朱方，以长直角边（股）b 为边的正方形为青方。以盈补虚，将朱方与青方并为弦方。由此，依照面积关系可得 $a^2 + b^2 = c^2$，朱方和青方已在弦方中的一部分可不加处理。此法融汇古人阴阳调和之精髓，称为出入相补法，又称割补法，如图 2-2 所示。

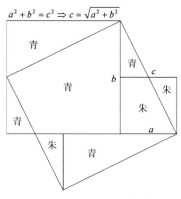

$$a^2 + b^2 = c^2 \Rightarrow c = \sqrt{a^2 + b^2}$$

图 2-2　出入相补法证明勾股定理

该证明富有中国特色，且简单易懂，之后多次为我国数学家所用，但由于各种因素的限制，较之西方证明的出现，终究是晚了一些。

数学之祖：毕达哥拉斯

第一个成功证明勾股定理者，不是赵爽，也不是刘徽，而是与泰勒斯[1]齐名的数学始祖级人物 —— 毕达哥拉斯。

毕达哥拉斯是古希腊著名哲学家、数学家、天文学家，他是历史上第一个将数学系统化的人，其一生笃信"万物皆数"。

他早年曾游走四方，在埃及、巴比伦等地游学，见识广博，最终定居在意大利南部的克罗托内城，还在此创建了一个神秘组织，历史上称为毕达哥拉斯学派。

这是一个研究哲学、数学和自然科学的学派，但同时又是一个有着神秘仪式和严格戒律的宗教性教派。该教派主张一夫一妻，允许女子接受教育，参与听讲。一时间，该教派门庭若市，各路求学问道者纷至沓来。因此教派迅速壮大，引领了克罗托内城的文化与城市生活。

某日风雨如晦，教派举办晚宴，毕达哥拉斯是晚宴的主角。但毕达哥拉斯吃饭时却魂不守舍，趁着大家觥筹交错之时，偷偷跑到了宴

1　泰勒斯：约公元前 624—公元前 547 或 546 年，古希腊哲学家、思想家、科学家，是古希腊最早的哲学学派 —— 米利都学派（也称爱奥尼亚学派）的创始人。

厅墙角，盯着地板上一块块排列规则的方形瓷砖，若有所思。

早年在巴比伦学习时，他一直对怎样证明直角三角形 $a^2 + b^2 = c^2$ 的问题难以忘怀，或许是因为喝了点酒，他此时灵感迸发，对，就是用演绎法证明！他瞬间眉目舒展，选了一块瓷砖，以它的对角线为边，画了一个正方形，这个正方形的面积恰好等于两块瓷砖的面积之和。他再以两块瓷砖拼成的矩形的对角线作另一个正方形。最后，他发现这个正方形的面积等于五块瓷砖的面积和，即分别以 1 倍、2 倍瓷砖边长为边的两个正方形的面积之和，如图 2-3 所示。

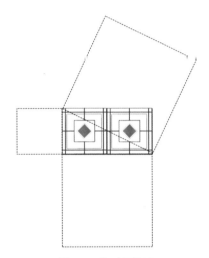

图 2-3　瓷砖面积和

至此，毕达哥拉斯心里已有了一个大胆的假设：对于一切直角三角形来说，$a^2 + b^2 = c^2$。证明了这一定理，他欣喜若狂，饭也不吃了，直接画出了一个漂亮的毕达哥拉斯树，如图 2-4 所示。

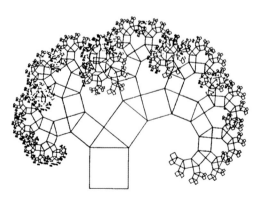

图 2-4　毕达哥拉斯树

根据基本原理论证某一定理，属于数学底层思维。在这之后，古希腊人延续着毕达哥拉斯的脚步，发展出了一套史无前例的丰富的公理化推导体系，即西方的文化精髓——形式逻辑。这种思维的登峰造极之作，就是欧几里得[1]于约公元前 300 年撰写的《几何原本》。在此后长达两千多年的时间里，此书一直被世界各国奉为数学界的金科玉律。

1 欧几里得：公元前330—公元前275年，古希腊著名数学家、欧氏几何学开创者，被称为"几何之父"。

如何证明 $a^2+b^2=c^2$？

中西方都有人发现了 $a^2 + b^2 = c^2$，按照默认规则，一般以第一个提出定理并证明的人的名字命名，因此国际上更认同将该定理命名为毕达哥拉斯定理。

遗憾的是，关于毕达哥拉斯具体用什么演绎法证明其实已无法考证，很多时候只是一种传说。多数人猜测是用正方形剖分式证明法，《几何原本》中详细记载了这一证明方法。

选择两个相同的正方形，如图 2-5 所示，令其边长为 $a+b$，两个正方形面积一定相等，左边正方形的面积为 $(a+b)^2$，而右边正方形的面积可以表示为 $4\times\frac{1}{2}ab+c^2$。左右两正方形面积相等，因此可得 $(a+b)^2 = 4\times\frac{1}{2}ab+c^2$，合并化简后得证 $a^2 + b^2 = c^2$。

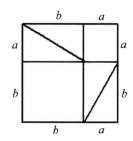 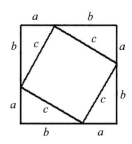

图 2-5　正方形剖分式证明法

再看中国古代赵爽的证明，虽然其出现时间较晚，但赵爽创制的勾股圆方图（图 2-6）却独具匠心。

2　勾股定理：数与形的结合

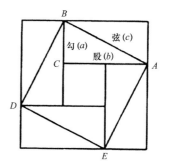

图 2-6　勾股圆方图

勾股圆方图中，以弦（c）为边长，得到了一个正方形 *ABDE*，其由 4 个相等的直角三角形再加上中间的小正方形组成。每个直角三角形的面积为 $\frac{1}{2}ab$；中间的小正方形边长为 $b-a$，则面积为 $(b-a)^2$。于是便可得如下公式：

$$4 \times \frac{1}{2}ab + (b-a)^2 = c^2$$

化简后可得：

$$a^2 + b^2 = c^2$$

即

$$c = \sqrt{a^2 + b^2}$$

赵爽极富创新意识地用几何图形的截、割、拼、补来证明代数式之间的恒等关系，既具严密性，又具直观性，为中国古代以形证数、形数统一、代数和几何紧密结合的独特风格树立了一个典范。此后，中国数学家大多继承这一风格并有所发展。例如，魏晋时期的刘徽在证明勾股定理时也用了以形证数的方法，只是具体图形的分、合、移、补略有不同。

有关 $a^2 + b^2 = c^2$ 的严格证明方法还有很多，这里就不再举例。

无理数[1]的秘密

毕达哥拉斯信奉"万物皆数"，但这里的数是指有理数。他认为宇宙万物都应该由有理数来统治，这是教派深信不疑的准则。然而，由毕达哥拉斯建立的毕达哥拉斯定理，最终却让他成为教派信仰的"掘墓人"。

在这里，大家可以一起玩个游戏。我们在一张白纸上画一个最简单的直角三角形，使该直角三角形的两直角边都为1，如图2-7所示。

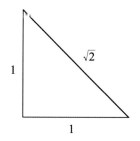

图 2-7　直角三角形

希帕索斯[2]按照毕达哥拉斯定理，计算出如图2-7所示的三角形，其斜边长度应为$\sqrt{2}$。但现实中，无论如何也无法用整数或分数来表示这一数值，它的长度是1.41421356…谁都无法清晰地画出$\sqrt{2}$这条有限长的斜边的精确模样，它是一个"无理数"。

一夜之间大厦将倾，风雨欲来。毕氏学派"万物皆数"的信仰遭到质疑，"一切数均成整数或整数之比"的理论不再成立。毕达哥拉斯为此恼羞成怒，整个教派十分恐慌。最终，教派中名为希帕索斯的弟子因为发现了"无理数"的存在，触犯了"有理数统治世界"的教规，众目睽睽之下，被扔到了深海里活活淹死。

但不管怎样，希帕索斯是世界上第一个发现无理数的人，引发了人类历史上的第一次数学危机。所有人都在思考，为什么$\sqrt{2}$客观存在，却又没有办法准确描述？这个现象完全与"任何量，在任何精确度的范围内都可以表示成有理数"的常识不符。更糟糕的是，面对这一荒谬现象，当时的人都无计可施。

1　无理数：最早由毕达哥拉斯学派弟子希帕索斯发现，也称为无限不循环小数，不能写作两整数之比。若将它写成小数形式，小数点之后的数字有无限多个，并且不会循环。常见的无理数有非完全平方数的平方根、π和e（后两者均为超越数）等。

2　希帕索斯：生卒年月不详，毕达哥拉斯的得意门生，发现无理数的第一人。

2
勾股定理：数与形的结合

1 欧氏几何：又
称欧几里得几何。
古希腊数学家欧
几里得把人们公
认的一些几何知
识作为定义和公
理（公设），在此
基础上研究图形的
性质，推导出一系
列定理，组成演绎
体系，写出《几何
原本》，形成了欧
氏几何。按所讨论
的图形在平面上或
空间中，又分别称
为平面几何与立体
几何。

直到公元前 370 年左右，柏拉图、欧多克索斯及毕达哥拉斯学派成员阿契塔提出了解决方案，他们给出的定义与所涉及的量是否可公度无关，从而消除了这次危机。在有理数的尊崇地位受到无理数的挑战之后，人们开始明白了几何学的某些真理与算术无关，几何量不能完全由整数及其比来表示；反之，数却可以由几何量表示出来。

直觉和经验不一定靠得住，严谨的推理证明才更具说服力。由此，古希腊数学研究方法由计算转向推理，从不证自明的公理出发，在欧几里得的带领下，经过演绎推理建立起了几何学体系。欧氏几何[1]成为数学大厦极其重要的基石之一。

勾股定理适用于球面吗？

直至今日，我们仍将由欧氏几何公理推导而出的大批定理奉为圭臬，生活中无处不闪烁着欧氏几何公理的耀眼光彩。

作为最直观也是应用最多的几何体系，欧氏几何非常符合我们的常识。但前面说过，直觉和经验不一定靠得住，常识也是如此。

假设将一平面直角三角形贴在球面上，如图 2-8 所示。

图 2-8　球面上的直角三角形

这时，你会发现勾股定理完全不成立。相比于平坦的欧氏空间，球面显然有着自己不同的曲率，这种曲率使包括勾股定理在内的欧氏几何定理骤然失效。

三角形内角和不一定等于180°，在球面上，三角形内角和大于180°。

两点之间不一定直线最短，在球面上，两点之间最短的是一条曲线。

在地图上，北京与纽约之间的最短线是一条直线，遵循欧氏几何；但若在地球仪上，再在北京与纽约之间画一条线，会发现那是一条曲线，遵循非欧几何。

欧氏几何在平坦空间之外的不适用，使数学家创立了与其分庭抗衡的非欧几何[1]，并发现我们的宇宙不是只有长、宽、高三维，可能还有第四维时空。在这些空间里，如果想判断宇宙是否平坦，数学上可以利用勾股定理，如果不满足，那么宇宙就不平坦。爱因斯坦曾做过类似的实验，并在广义弯曲空间理论[2]里提出这样一个大开脑洞的假设：物理空间是在巨大质量的附近变弯曲的，且质量越大，曲率（curvature）[3]越大。

爱因斯坦为验证自己的假设，根据光线总是走最短路线的原理，用经纬仪观测了位于太阳两侧的恒星所发出的光线的夹角，并在太阳离开后再次观测。如果两次观测的结果不同，就证明太阳的质量改变了它周围空间的曲率，使光线偏离原路。爱因斯坦的理论计算值为 1.75″。而 1919 年，英国爱丁顿领导的考察队用三套设备实际观测到两颗恒星的角距离，在有太阳和没有太阳的情况下相差 1.61″±0.30″、1.98″±0.12″ 和 1.55″±0.34″。

尽管 1.5″ 这个角度并不算大，却足以证明：太阳的质量确实迫使周围的空间发生弯曲，这与广义相对论的假设完全吻合，爱因斯坦因此名声大噪。

1 非欧几何：又称非欧几里得几何，指不同于欧几里得几何学的几何体系，一般是指罗巴切夫斯基几何（双曲几何）和黎曼几何（椭圆几何）。它们与欧氏几何最主要的区别在于公理体系中采用了不同的平行公理。

2 广义弯曲空间理论：时空弯曲效应，爱因斯坦的广义相对论认为，由于有物质的存在，物质和时间（时空）会发生弯曲，时空弯曲的物理效应表现为万有引力。

3 曲率：数学上表明曲线在某一点的弯曲程度的数值。针对曲线上某个点的切线方向角对弧长的转动率，通过微分来定义，表明曲线偏离直线的程度。

结语
无理即未知

公元前五百多年，勾股定理作为人类发现的第一个定理和第一个不定方程，第一次将数学中的"数"与"形"结合在一起，开始把数学由计算与测量的技术转变为论证与推理的科学。勾股定理是人类文

2 勾股定理：数与形的结合

39

明史上光彩夺目、永不消逝的明珠。

从勾股定理中推导出来的$\sqrt{2}$，违反了"万物皆数"的理论，却造就了基础数学中最重要的课程 —— 几何学体系。

非欧几何彻底挑战了欧氏几何体系，实现了天文学的根本变革，揭开了弯曲空间的宇宙面纱。

在数学的世界里，无理即未知，未知即未来。

费马大定理：困扰人类 358 年

$$x^n + y^n \neq z^n \, (n > 2)$$

一只下了 358 年金蛋的鹅。

"这里太小，我写不下。"费马这句话犹如塞壬之歌[1]一般，三百多年来，蛊惑了无数数学天才，他们义无反顾地向这个定理发起挑战，但最终都无功而返。

跨越几个世纪的追寻，从欧拉到高斯，从热尔曼到狄利克雷，从拉梅到柯西，从库默尔到里贝特，甚至运用超级计算机日夜不停地运算……

直到 1995 年，怀尔斯站在百叶窗下，翻动《数学年刊》第 141 卷上最新的两篇文章——《模形椭圆曲线和费马大定理》与《某些赫克代数的环理论性质》，冷静地回味着他对全世界说的话："让我们就在这里结束吧。"

358 年的智者接力，到达终点。

数学界第一"民科[2]"费马

这场接力赛的枪声最早响于 17 世纪，是由"民科"费马躲在鼠疫肆虐的法国审判庭里打响的。费马家境殷实，却天生小气；他口含金钥，却从不挥霍；他生性孤僻，却又希望流芳百世；他自命不凡，又谨小慎微；他热衷挑衅，出了事却只会一味躲避。

正是这种矛盾的性格，导致他虽然热爱数学，却听了父亲的话考了公务员，并且认认真真地当上了大法官，在当时也算光耀门楣，为世人羡慕。但这个大法官并不称职，他整天研究数学，脑洞大开地发现了各种数学命题，不知道他在这个职位上时，出现过多少次"冤假错案"。

作为"民科"的费马，其实是一个非常严谨的人。他做起题来滴水不漏，论证逻辑也有条不紊。不过他也有一个极大的毛病：不提供任何相应证明，令人看了云里雾里，心痒难耐。同时代的不少人都恨极了费马的这种姿态，如近代哲学奠基人、数学家笛卡儿就对此愤怒不已，嘲讽费马是个"牛皮匠"。

而这个"牛皮匠"还真的不是浪得虚名。1637 年的某天，他就以玩世不恭的姿态向全世界吹了一个最大的牛。那天午后，在自家小院里翻看丢番图著作《算术》的费马，突发奇想地对书中的毕达哥拉斯定理 $x^2 + y^2 = z^2$ 进行了推广：

$$x^3 + y^3 = z^3$$
$$x^4 + y^4 = z^4$$

......

他发现毕达哥拉斯公式存在着无穷的正整数解，但稍微把公式改一下，就找不出一个正整数解。由此，费马大胆地提出了一个猜想：$x^n + y^n = z^n$，对于大于 2 的整数 n 没有正整数解。

而这个猜想具体如何证明，费马没有给出，他在那本《算术》的空白处留下了一句世纪名言："对此我已经找到了一个绝妙的证明方法，只不过此书空白处太小，我写不下，就不写了。"没想到的是，费马懒得动笔的小事，日后竟困扰人类 358 年。

此后，这猜想就像一只会孵金蛋的鹅，一直从 17 世纪孵到了 20 世纪，直接贯穿了人类近现代数学史，并成功地为"民科"费马赢得了"业余数学家之王"的称号。

史上惨淡的三世纪

费马提出了费马猜想之后，各路数学高手争相出手，谁知道证明了一百年也没有答案。对此，18 世纪的数学巨人欧拉产生了极大的兴趣。于是，他把对费马猜想的证明提上了自己的人生日程。

天才一出手，就知有没有。很快，欧拉发现了一条隐藏在费马注记里的线索，即无穷递降法[1]。其以无穷递降法为出发点，成功证明了 $n=3$ 时不存在正整数解，却无法证明此结论对任何指数 n 都适用。

好在欧拉已取得首次突破，需要继续做的是证明下面的无限多个方程没有正整数解：

1 无穷递降法：证明方程无解的一种方法。其步骤为：假设方程有解，并设 X 为最小的解。从 X 推出一个更小的解 Y，从而与 X 的最小性相矛盾。所以，方程无解。

$$x^4 + y^4 = z^4$$

$$x^6 + y^6 = z^6$$

$$x^7 + y^7 = z^7$$

······

然而，数学家们取得的进展非常缓慢，直到 19 世纪初，女数学家热尔曼冒险突破时代的性别束缚，才让费马猜想重新活跃了起来，证明了当 n 和 $2n+1$ 都是素数时，费马猜想的反例 x，y，z 至少有一个是 n 的整倍数。

在此基础上，1825 年，德国数学家狄利克雷证明了 $n=5$ 时费马猜想成立。紧接着，1839 年，法国数学家拉梅对热尔曼方法做了进一步改进，并证明了 $n=7$ 的情形。继欧拉之后，人类终于证明在 $n=5$ 和 $n=7$ 的情况下，费马猜想是成立的。

1847 年是令人兴奋的一年，拉梅和柯西都向科学院递交了盖章密封的信封，宣称完整地证明了费马猜想。这两个数学家默契地借助了"唯一因子分解"的性质，即对于给定一个数，只有一种可能的素数组合，它们乘起来等于该数。例如，对于数 18 来说，唯一的素数组合是 18=2×3×3。

不过，这很快被苛刻的库默尔发现了一个致命的缺陷，虽然唯一因子分解对实数是正确的，但引进虚数后它就不一定成立了。拉梅和柯西最终惨败，这是一个黑暗的时刻，因为刚刚亮起的曙光又熄灭了。

尽管后来库默尔由此提出"理想数"概念，开创了代数数论，并运用独创的"理想素数"理论证明了费马猜想对 100 以内除 37、59、67 以外的所有奇数都成立，但是对任一大于 2 的整数 n 成立吗？

整整两百多年，每一次数学家试图重新发现费马猜想的通用证明都以失败告终。即使是到 1985 年，人类甚至已经发明了超级计算机，证明在 4100 万次方以下费马猜想都成立，但那又如何，再在后面加一个 1，那个数字对于费马猜想是否成立？不知道，这就是费马猜想的难处。大于 2 的正整数是无穷无尽的，将一个个数进行证明，是如何证明也证明不完的。

就这样一筹莫展了三个世纪，众多数学家的热情也被打击得消失殆尽了。也许费马自己也没有办法证明，只在那里瞎吹牛。还是去研究点有实用性的东西吧！单纯的数学家们开始学乖了。

大定理和谷山 – 志村猜想

当大家慢慢忘却费马猜想时，一件轶事让费马猜想重获新生。1908 年，富二代保罗·沃尔夫斯凯尔饱受情伤，决定午夜 12 点自杀，结果写完遗嘱后因无事可做算起了费马猜想。他这一算错过了自杀的"良辰吉日"，索性就不自杀了。为了报答这救命之恩，他把身家财产大部分留给了费马猜想，并宣称：谁要证明了这一难题，钱全部归他！

重赏之下，必有智者。20 世纪，又是一股费马热浪来袭。当时全世界的数学业余爱好者和一些妄人都试图解决这个问题，但很可惜，费马猜想只是变得越来越著名，而想证明它似乎仍遥遥无期。

直到 1997 年，英国数学家怀尔斯教授成功地获得了奖金，但这已经是几十年之后的事情了。

说起怀尔斯与费马猜想的机缘，也是有心栽花花不开，无心插柳柳成荫。无数专门研究数论的大家都没赢得这个智力游戏，反而是怀尔斯这个数论里的外行人最终赢得了胜利。

怀尔斯生平主要研究一种称为椭圆曲线[1]的学问，有人可能不太理解，费马猜想和椭圆曲线有什么关系？以 $X^3 + Y^3 = Z^3$ 为例，我们可以做这样的初等变换：

$$x = \frac{12Z}{X+Y}$$

$$y = \frac{36(X-Y)}{X+Y}$$

将上式代入费马方程得：

$$y^2 = x^3 - 432$$

瞧，这一下就变成了椭圆曲线！现在，我们知道原来的方程没有非平凡解（所谓平凡解，就是允许 X, Y, Z 其中一个数是 0），所以这相当于说上面的椭圆曲线方程只有显然的有理数解 (12,36) 和 (12,−36)。

1 椭圆曲线：数学中性质极其丰富的一类几何对象，它深刻联系了数学的各个分支，与著名的费马猜想有着密切联系。

1　模形式：某种数论中用到的周期性全纯函数。

2　谷山－志村猜想：1955年，在东京举行的一个学术会议上，日本青年数学家谷山丰和志村五郎提出了一个椭圆方程的模形式化猜想。一个椭圆方程的 $E-$ 序列一定和一个模形式的 $M-$ 序列完全对应。

　　但熟悉椭圆曲线和费马猜想的转换仅仅是一张"入场券"，这一点欧拉和高斯早已各自提供了证明方法。关键还在于如何证明椭圆曲线和模形式[1]之间是一一对应的关系，反过来间接地证明费马猜想。由此，证明谷山－志村猜想[2]成了证明费马猜想的关键一环。

　　其实早在1985年，数学家弗雷就曾指出"谷山－志村猜想"和费马大定理之间的关系。他提出：假定费马猜想不成立，即存在一组非零整数 a、b、c 使得 $a^n + b^n = c^n (n > 2)$，那么用这组数构造出的形如 $y^2 = x(x + a^n)(x - b^n)$ 的椭圆曲线不可能是模曲线。弗雷命题和谷山－志村猜想矛盾，但如果能同时证明这两个命题，根据反证法就可以知道费马猜想不成立，这一假定是错误的，从而证明费马猜想。1986年，肯·里贝特成功证明了弗雷命题，但他像大多数人那样悲观地认为自己无论如何也无法攻克谷山－志村猜想。

　　乐天派怀尔斯恐怕是地球上少数敢在白天做梦的人，他看里贝特已经证明了弗雷命题，认为这已经到了攻克费马定理的最后阶段了。重要的是，这还恰好是他的研究领域。他二话不说，把自己关在小黑屋里八年，专心孵化这颗世上最难孵的金蛋。

　　踩在巨人的肩膀上，怀尔斯先机智地把欧拉、热尔曼、柯西、拉梅、库默尔等人的工作全研究了一遍，然后展开题海战术，把椭圆曲线和模形式所有的既有研究成果复习了一番。

　　最终，他巧妙地利用了19世纪悲剧天才伽罗瓦的群论作为证明谷山－志村猜想的基础，突破性地将椭圆方程拆解成无限多个项，证明了每一个椭圆方程的第一项可以与一个模形式的第一项配对。

　　1991年夏天，怀尔斯将当时最前沿的科利瓦金－弗莱切方法应用于各种椭圆方程的求解之中，证明了更新、更大族的椭圆曲线也一定可模形式化。沿着这一思路，怀尔斯认为自己解决了费马猜想，并把这个消息公之于众。听闻费马猜想被证明，全世界都为之沸腾。但在最后的论文审核时，数学家凯兹指出证明中关于欧拉系的构造有严重缺陷，这是证明中的一个大漏洞。以为自己可以就此休息的怀尔斯只好思考用其他方法来解决这个漏洞。1994年9月，怀尔斯想起了自己当初先用岩泽理论未能突破，而后才用科利瓦金－弗莱切方法试图解决这一问题。既然单靠其中某一种方法不足以解决问题，那何不将两者结合起来试试？问题解法就是这样，岩泽理论与科利瓦金－弗莱切方法结合在一起可以完美地互相补足，再也没有任何漏洞了。

当所有人都认为怀尔斯不可能证明费马猜想时，怀尔斯最终绝地逢生。1995 年，他终于证明了谷山－志村猜想和困惑了世间智者 358 年的费马猜想。

椭圆曲线加密法
费马大定理最成功的金蛋

三百多年的跌跌撞撞，走走停停，怀尔斯最终结束了数学上这场最为艰难漫长的接力赛。看着费马猜想被证明，终于可以被称为费马大定理，最不开心的恐怕是 19 世纪"数学界的无冕之王"希尔伯特（Hilbert）[1] 了。当他还在世时，有人问他为什么不证明费马猜想，他曾反问："为什么要干掉那只下金蛋的老母鸡呢？"在他看来，费马猜想为人类数学界立下了汗马功劳，很多数学家在证明费马猜想时创立了许多新的数学理论。现在怀尔斯这个"凶手"干掉了这只"母鸡"，不知道希尔伯特作何感想。

其实希尔伯特也不用伤心，因为这只"母鸡"即使被证明了，到今天仍能够孵蛋。其中，椭圆曲线就是那颗"金蛋"。2008 年，费马大定理在非对称加密领域再现神迹。密码学朋克们将椭圆曲线加密法（Elliptic Curve Cryptography，ECC）应用于比特币，使比特币成为数学上牢不可破的"数字黄金"，开创了密码安全史上的新篇章。

作为一种非对称加密技术，ECC 利用椭圆曲线等式的特殊性质来产生密钥，而不是采用传统的方法，即利用大质数的积来产生。相比之下，基于大整数因子分解[2]问题的 RSA 算法[3]，有着单位长度较长，计算效率低等缺点；而作为因子的两个素数若长度越短，被反

1　希尔伯特：1862—1943 年，德国著名数学家，主要研究了不变量理论、代数数域理论、几何基础、积分方程、物理学、一般数学基础等，并在对积分方程的研究中提出了著名的"希尔伯特空间"。同时，他还是一位正直的科学家，在第一次世界大战、第二次世界大战中均公开反对战争。

2　大整数因子分解：在数学中，其又称素因数分解，是将一个正整数写成几个约数的乘积。例如，给出 45 这个数，它可以分解成 9×5。根据算术基本定理，这样的分解结果应该是独一无二的。这个问题在代数学、密码学、计算复杂性理论和量子计算机等领域中有重要意义。

3　RSA 算法：一种非对称加密算法，在公开密钥加密和电子商业中被广泛使用。1977 年，该算法由罗纳德·李维斯特（Ron Rivest）、阿迪·萨莫尔（Adi Shamir）和伦纳德·阿德曼（Leonard Adleman）一起提出。对极大整数做因数分解的难度决定了 RSA 算法的可靠性。换言之，对极大整数做因数分解越困难，RSA 算法越可靠。

破解的可能就越大。另外，黎曼猜想一旦得证，还可能派生出攻击 RSA 公钥加密算法的规律。

而 ECC 克服了 RSA 算法的一些缺陷，其运行机制非常巧妙，将加密问题转换为椭圆曲线方程在有限域中的阿贝尔群[1]，从而利用群论中阿贝尔群计算问题，采取公私钥和双密钥相结合的方式进行加密或解密。

椭圆曲线通常用 E 表示，常用于密码系统的基于有限域 $GF(p)$ 上的椭圆曲线是由方程：

$$y^2 = x^3 + ax + b \,(\mathrm{mod}\ p)$$

所确定的所有点 (x, y) 组成的集合，外加一个无穷远点 O。其中 a, b, x, y 均在 $GF(p)$ 上取值，且有 $4a^3 + 27b^2 \neq 0$，p 是大于 3 的素数。通常用 $Ep(a, b)$ 来表示这类曲线。

对比常见的椭圆曲线方程 $y^2 = x^3 + ax + b$，会看到这只是对原式进行了简单的取模处理，但以椭圆曲线 $y^2 = x^3 - x + 1$ 的图像为例，图 3-1 是 $y^2 = x^3 - x + 1$ 在实数域上的椭圆曲线。

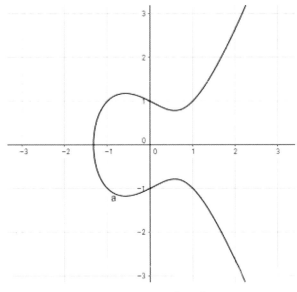

图 3-1　实数域上的 $y^2 = x^3 - x + 1$

图 3-2 则是椭圆曲线 $y^2 = x^3 - x + 1$ 对素数 97 取模后的图像。

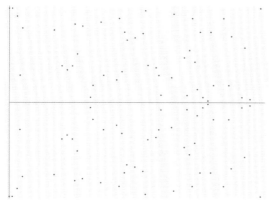

图 3-2　取模后的 $y^2 = x^3 - x + 1$

1　多项式时间：在计算复杂度理论中，指的是一个问题的计算时间 {\displaystyle $m(n)$} 不大于问题大小 {\displaystyle n} 的多项式倍数。任何抽象机器都拥有一复杂度类，此类包括以多项式时间算法求解的问题。

2　离散对数：在整数中，是一种基于同余运算和原根的对数运算。而在实数中，对数的定义 $\log_b a$ 是指对于给定的 a 和 b，有一个数 x，使得 $b_x = a$。相同地，在任何群 G 中可为所有整数 k 定义一个幂数为 b_x，而离散对数 $\log_b a$ 是指使得 $b_x = a$ 的整数 k。

显然，相比于图 3-1，会发现引入有限域上的椭圆曲线图 3-2 基本已面目全非，原本连续光滑曲线上的无限个点变成了离散的点，不过依然可以看到它是关于某条水平直线 $y = \dfrac{97}{2}$ 对称的。而这正符合密码学所要求的有限点和精确性。

目前，尚不存在多项式时间 1 算法求解椭圆曲线上的离散对数 2 问题，因而建立在求解离散对数问题困难性上的椭圆曲线密码体系（ECC）安全性极高，其地位已逐步取代 RSA 等其他密码体系，成为密码学的新生巨星，是日后非常重要的主要公钥加密技术。

结语
358 年孵蛋的意义

数学家们花了几百年证明费马大定理有意义吗？

多少世纪以来，不断有数学家向"不可能"的费马大定理发出战书，有的因为能力有限早早放弃，有的倾其一生也只看清楚一鳞半爪，最终连万能的计算机也无可奈何。

在这个过程中，很多人都知道，也许一年又一年地耗下去依然得不到一个结果，成千上万个方程可能也得不出一个解。但他们最终还是向永恒发起了挑战，即使计算机已宣布放弃，这些人依然觉得自己可以解决这个难题，这就是人类的坚强和韧性。

1　莫德尔猜想
（Mordell conjec-
ture）：于 1984 年
被法尔廷斯（Falt-
ings, G.）证明，是
关于算术曲线有
理点的重要猜想。
具体地，设 k 为有
理数域的有限扩
张，C 为 k 上射影
光滑（代数）曲
线，若 C 的亏格
大于 1，则 C 只有
有限多个 k 点（坐
标在 k 中的点）。

　　回望这三百多年，人类每一次都用尽全力地追寻，虽然未能抵达
终点，却扩充了"整数"的概念，扩展了"无穷递降法"、虚数和群
论的应用，催生出库默尔的"理想数论"，促成了莫德尔猜想[1]，证
明了谷山 - 志村猜想，加深了对椭圆方程的研究，找到了微分几何在
数论上的生长点，发现了伊利瓦金 - 弗莱切方法与伊娃沙娃理论的结
合点，推动了数学的整体发展……

　　一部波澜壮阔的数学史由此徐徐展开，这是一场智者征服世间奥
秘的接力赛，而信仰和追寻就是这场接力赛的最大意义。毕竟，正是
因为有了一群仰望星空的人，人类才有了希望。

牛顿 – 莱布尼茨公式：无穷小的秘密

$$\int_a^b f(x)\,dx = F(b) - F(a)$$

如果没有微积分，英国的工业革命会推迟至少 200 年。

从芝诺的乌龟讲起

自芝诺提出著名的悖论以来，连续运动问题一直让世人困惑不已。

公元前 464 年，小短腿的芝诺乌龟到底是怎么跑赢了速度有它 10 倍的海神之子阿喀琉斯[1]？

1 阿喀琉斯：又译阿基里斯，他是荷马史诗《伊利亚特》中描绘特洛伊战争第十年参战的半神英雄。海洋女神忒提斯（Thetis）和英雄珀琉斯（Peleus）之子。

这场实力悬殊的竞赛，芝诺乌龟提前奔跑 100m，如图 4-1 所示，当阿喀琉斯追到 100m 时，芝诺乌龟已经向前爬了 10m；阿喀琉斯继续追，而当他追完芝诺乌龟爬的 10m 时，芝诺乌龟又已经向前爬了 1m；阿喀琉斯只能再追向前面的 1m，可芝诺乌龟又已经向前爬了 $\frac{1}{10}$ m。就这样，芝诺乌龟总能与阿喀琉斯保持一定距离，不管这个距离有多小，但只要芝诺乌龟不停地奋力向前爬，阿喀琉斯就永远也追不上芝诺乌龟！最终，海神之子还是输给了芝诺乌龟。

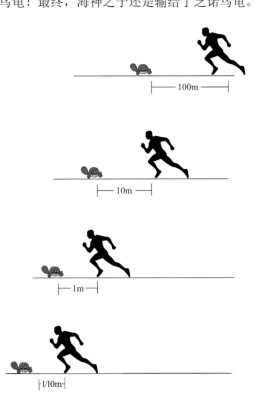

图 4-1　芝诺乌龟与阿喀琉斯赛跑图

芝诺乌龟也从此声名大噪，无人匹敌。尽管在现实世界中，这只乌龟看起来蛮不讲理，因为随便拉来一只乌龟，无论它跑多远，6岁小儿都能追上它。而且，随便建立一个简单的方程 $t = \dfrac{s}{v_1 - v_2}$，还能求出阿喀琉斯追上芝诺乌龟的时间。

但在数学上，为什么"证明"不了快跑者能追得上慢跑者？

芝诺提出这个悖论，原本是想在"二分法"后补充说明运动是一种假象，假如承认有运动，而速度最快的永远都追不上速度最慢的，多么可笑？

这个芝诺乌龟悖论以空间、时间的无限可分为基础。阿喀琉斯在追上芝诺乌龟前必须走到空间的一半，在此之前，阿喀琉斯又必须先到达这一半的一半，如此类推，一直分割以至无穷，在出发点处就会出现一个无穷小量。

而当阿喀琉斯花费 t 时间到达第 2 个出发点时，芝诺乌龟又前进了，留下一段新的空间。一次次追赶，时间被无限分割，每一次所花时间越来越短，最后也变成了一个无穷小量。

按实践经验，这个无穷小量应该为 0，因为只有这样，运动才能从起点开始，阿喀琉斯才能追上芝诺乌龟。但这个无穷小量又不能为 0，因为无穷个 0 怎么可能构成一段距离或时间呢？

所以，空间与时间究竟能不能无限可分？无穷小量到底能不能等于 0？

这样一个哲学矛盾，成就了数学上的一个著名悖论。

也许芝诺本意并非想要找数学的茬，但不管有心无心，他的悖论都在数学王国中掀起了一场轩然大波，让人们开始追究起数学的严谨性，甚至质疑起了数学的内部逻辑。

牛顿 – 莱布尼茨公式

那么，阿喀琉斯是不是永远都追不上芝诺乌龟？

当然不是。

芝诺狡猾地把时间和空间一直分割了下去，假装完美地证明了运

1　微分：设函数 $y=f(x)$ 在区间 I 上有定义，对于 I 内一点 x_0，当 x_0 有一个增量 Δx（$x_0+\Delta x$ 也在 I 内时），如果函数值的增量 $\Delta y=f(x_0+\Delta x)-f(x_0)$ 可以表示成 $\Delta y=A\Delta x+o(\Delta x)$，其中 A 是不依赖于 Δx 的常数，$o(\Delta x)$ 是 Δx 的高阶无穷小量（o 读作奥秘克戎，希腊字母），则称函数 f 在点 x_0 处可微，$A\Delta x$ 称为函数 f 在点 x_0 相应于因变量增量 Δy 的微分，记作 dy，$dy=A\Delta x$，此时一般也记为 $dy=Adx$。

2　积分：分为定积分和不定积分两种。直观地说，对于一个给定的正实值函数，一个实数区间上的定积分可以理解为在坐标平面上，由曲线、直线及轴围成的曲边梯形的面积值（是一种确定的实数值）。而求不定积分则是给定一个函数，求该函数的所有原函数的过程。

动不存在。

他强行忽略了阿喀琉斯追芝诺乌龟的距离虽然有无限多个，但它们的"和"是一个有限的、确定的距离。相应地，他所用的时间间隔虽然也有无限多个，但"和"也是确定、有限的一段时间，现实中的阿喀琉斯总是在短时间内就追上了那只慢吞吞的乌龟。

这就是现代数学的微分[1]与积分[2]（主要是定积分）。

将时间和空间（距离）无限分割，无疑体现了无穷小量的思想，即微分的思想。而将这无限个小段以一定形式求和，得出一个确定的值，体现的恰好是定积分的定义。

从这个角度，我们可以说，对于芝诺乌龟悖论，芝诺只微分了，却没有积分。

微分和积分在历史上很长一段时间里是泾渭分明的两个领域，彼此毫无瓜葛。被芝诺这只"诡异"的乌龟刺激后，数学家们曾经前赴后继，苦苦钻研了无穷小量许久，但直到牛顿－莱布尼茨公式的出现，他们才真正把微分和积分联系起来。

这个以两位数学大师共同命名的公式，具体定义如下。

若函数 $f(x)$ 在区间 $[a, b]$ 上连续，且存在原函数 $F(x)$，则 $\int_a^b f(x)dx = F(b) - F(a)$。乍看平平无奇，可它却被誉为"微积分基本定理"。

在这个基本定理中，原函数与导数[3]（又名微商）有着莫大的渊源。

在古典微积分世界里，微分是无穷小量的缩影，而导数则由两个无穷小量的比值幻化而成：$\dfrac{dy}{dx}$。函数 $y = f(x)$，dy 是 y 的微分，dx 是 x 的微分，这也是导数被称为微分之商（微商）的缘由。几何图形对应的函数图像在某一点的导数是该函数图像在该点切线的斜率，如图 4-2 所示。

3　导数：当函数 $y=f(x)$ 的自变量 x 在一点 x_0 上产生一个增量 Δx 时，函数值的增量 Δy 与自变量增量 Δx 的比值在 Δx 趋于 0 时的极限如果存在且为 a，a 即为在 x_0 处的导数，记作 $f'(x_0)$ 或 $df(x_0)/dx$。

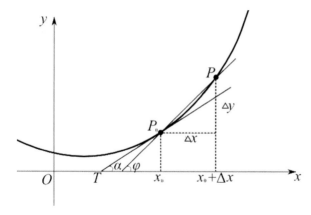

图 4-2　导数与切线

简单来说，对导数 $f(x)$ 进行一个逆运算，就是求原函数 $F(x)$。

对于一个定义在某区间的已知函数 $f(x)$ 来说，如果存在可导函数 $F(x)$，使在该区间内的任一点都有 $dF(x)=f(x)dx$，则在该区间内就称函数 $F(x)$ 为函数 $f(x)$ 的原函数。

已知导数 $f(x)$，求原函数 $F(x)$，用微积分中的专业术语来说，就是求不定积分。不定积分与原函数是总体与个体的关系，若 $F(x)$ 是 $f(x)$ 的一个原函数，$f(x)$ 的不定积分就是一簇导数等于 $f(x)$ 的原函数 $F(x)$，即一个函数族 $\{F(x)+C\}$，其中 C 是任意常数。

不定积分是原函数的一个集合。定积分是求函数 $f(x)$ 在区间 $[a, b]$ 上的图像包围的面积，它是给定区间上一种积分求和的极限，得出的结果是一个确定的数值。

不定积分与定积分原本毫不相干，但通过牛顿－莱布尼茨公式，当 $f(x)$ 的原函数存在时，定积分的计算也可以转化为求 $f(x)$ 的不定积分，即 $\int_a^b f(x)dx = F(b) - F(a)$。

至此，不定积分为解决求导和微分的逆运算而提出，而牛顿－莱布尼茨公式又将定积分和不定积分连接了起来，打开了一个连续变化的数量世界，将微分与积分统一了起来，揭示了微分与积分的基本关系：在一定程度上，微分与积分互为逆运算。

微积分诞生，并由此正式形成了一个完整体系，成为数学帝国里的一门真正学科。懊恼的阿喀琉斯也总算是攻破了时空连续性，追上了芝诺这只笨拙的乌龟。

谁是微积分之父？

　　恩格斯曾把 17 世纪下半叶微积分的发现视为人类精神的最高胜利，但对于微积分这片数学新大陆的发现者，数学界在很长一段时间里都一直争论不休。毕竟微积分让数学彻底掌握了连续变化的概念，而整个近现代科学都是关于变化的科学，发现微积分的功劳可不仅仅是让阿喀琉斯追上了芝诺乌龟这么简单。

　　微积分基本定理又称牛顿 - 莱布尼茨公式，以两人的大名命名，莫非是这两人一起发现了微积分？现实世界中的牛顿只比莱布尼茨大了三岁，两人一开始的确惺惺相惜，毕竟在 17 世纪找到和自己同等智商并能对话的人，对他们两个人来说都不容易。

　　这两人一开始隔着英吉利海峡鸿雁传书，在计算与逻辑的世界里交流得面红耳赤，在数学公式的相互解析里争论得高潮迭起。极少吹捧别人的牛顿称赞莱布尼茨"对数学的理解超越了同时代"，而莱布尼茨则称赞牛顿"从创世到现在全部数学中，牛顿的工作超过了一半"。

　　但好景不长，微积分的出现让 17 世纪两个伟大的科学家反目成仇，成为一生大敌。1684 年，莱布尼茨发表论文阐述了新的概念——微积分，牛顿知道这个新的概念背后隐藏着多大的威力，而据他自己解释，他早在几年前就完整搭建好了微积分世界，只是怕被耻笑，所以一直没有率先发表。

　　这么重要的成就眼看就要被莱布尼茨抢走，牛顿利用自己的权力施展各种手段打压莱布尼茨。虽然莱布尼茨被称为"百科全书"式的伟人，智商高过阿尔卑斯山，但在玩权术的"手段"上远不是牛顿的对手。在那场微积分的世纪大战中，伟大的莱布尼茨曾一度被认为是骗子、小偷、盗窃犯的代名词。牛顿的下半生，除了钻研神学、沉迷"点石成金"之术外，唯一的爱好就是欺负莱布尼茨。

　　1716 年 11 月 14 日，莱布尼茨因痛风逝世在秘书和车夫面前。那一天，牛顿正在伦敦庄园里享受烟熏火燎的炼金乐趣，并没有意识到西方有巨星陨落。

历史总是最优秀的见证人，时间总是最公正的裁判者。

一时的毁誉，姑且当作妄言。如今数学界已将牛顿和莱布尼茨同样视为微积分的发现人，并认为两人的发现彼此独立，不存在互相借鉴的情况，因为两人其实是从不同角度发现提出的。牛顿的发现是为了解决运动问题，其先有导数概念，后有积分概念；而莱布尼茨受哲学思想的影响，从几何学角度出发，先有积分概念，后有导数。两人实则殊途同归。

这一对冤家，不管他们生前多么不和，死后都被牛顿-莱布尼茨公式牢牢绑在了一起，再也无法分开。牛顿遗留的手稿的确证明了他更早发现了微积分，但大学课本上依旧沿用着莱布尼茨的微积分符号体系。

谁是微积分之父已经不重要，重要的是两人的伟大成果共同为人类所享用，给数学带来了一场伟大革命，推动着启蒙时代的学者们构建起了现代科学体系。

幽灵无穷小
第二次数学危机

"对于数学，严格性不是一切，但是没有了严格性就没有了一切。"牛顿一生好斗，几乎从未输过，但他未曾料到，在他逝世后竟有人乘机揪起了他的"严格性"小辫子。

1734 年，英国大主教贝克莱写了一本书，对当时的微积分一连发出 67 问，直捣微积分的基础，攻击的对象正是无穷小量在解释上所带来的致命"严格性"缺陷。

在古典世界里，牛顿他们赋予了导数和微分一种直观通俗的意义，导数是两个微小变量的比值：$\dfrac{\mathrm{d}y}{\mathrm{d}x}$，$\mathrm{d}y$ 和 $\mathrm{d}x$ 都是无穷小量。例如，在求函数 $y=x^2$ 的导数时，计算如下：

$$\frac{d}{dx}(x^2) = \frac{f(x+dx) - f(x)}{dx}$$

$$= \frac{(x+dx)^2 - x^2}{dx}$$

$$= \frac{x^2 + 2x\,dx + dx^2 - x^2}{dx}$$

$$= \frac{2x\,dx + dx^2}{dx}$$

$$= 2x + dx$$

$$= 2x$$

　　虔诚的基督徒贝克莱毫不客气地讽刺牛顿在处理无穷小量时简直是睁着眼睛说瞎话，第一步，把无穷小量 dx 当作分母进行除法（分母不能为 0），并将分母 dx 约分；第二步，又把无穷小量 dx 看作 0，以去掉那些包含它的项，$+dx$ 中的 dx 被直接忽略了。

　　所以，无穷小量究竟是不是 0？

　　一会儿为 0，一会儿又不能为 0，这不是前后矛盾吗？不仅如此，在当时的人看来，无穷小量比任何大于 0 的数都小，却不是 0，这不是违背了阿基米德公理吗？

　　阿基米德公理又称为阿基米德性质，也称实数公理，是一个关于实数性质的基本原理。如果阿基米德公理是错的，那么整个数学界大概都无法建立。其定义为：对任一正数 ε，有自然数 n 满足 $\frac{1}{n} < \varepsilon$。

而无穷小量的解释似乎是在阐述"不存在自然数 n 满足 $\frac{1}{n} < \varepsilon$"。

　　这样一个被人诟病的无穷小量，真的能支撑起微积分这项伟大的成果吗？这个矛盾，史称贝克莱悖论，当时不少学者其实也认识到了无穷小量带来的麻烦。但是，这样一个悖论，不仅牛顿解释不清，莱布尼茨解释不清，整个数学界也没人能解释得清。

　　这样一个人为的概念——使数学的基本对象——实数结构变得混乱，数学界和哲学界甚至为此引发了长达一个半世纪的争论，它造成了第二次数学危机。

　　现代理论的特点之一就是"叙述逻辑清晰，概念内涵明确，不能有含糊，"而微积分的诞生并不是严格按照"逻辑线路"线性发展，而是通过实际应用归纳推理产生的，这就很难经得起演绎推理的逻辑推敲。所以，在牛顿和莱布尼茨之后，数学家们为此做出了无数努力，最终由柯西和魏尔斯特拉斯等人解决了这个问题。

解决办法就是，抛却微分的古典意义，基于极限的概念，重新建立了微积分。

19 世纪，法国数学家柯西确立了以极限理论为基础的现代数学分析体系，用现代极限理论说明了导数的本质，他将导数明确定义为一个极限表达式。

设函数 $y=f(x)$ 在点 x_0 的某邻域内有定义，令 $x = x_0 + \Delta x$，$\Delta y = f(x_0 + \Delta x) - f(x_0)$。若极限 $\lim\limits_{\Delta x \to 0} \dfrac{\Delta y}{\Delta x} = \lim\limits_{\Delta x \to 0} \dfrac{f(x_0 + \Delta x) - f(x_0)}{\Delta x} = f'(x_0)$ 存在且有限，则称函数 $y=f(x)$ 在点 x_0 处可导，并称该极限为函数 $y=f(x)$ 在点 x_0 处的导数，记作 $f'(x_0)$；否则，则称函数 $y=f(x)$ 在点 x_0 处不可导。

极限的概念使数学家们对无穷小量的争议逐渐偃旗息鼓。直观、通俗的古典微分定义也被重新诠释，它不再局限于微小变量，在极限助攻下成了一个线性函数，用来表达函数的变化意义。

不过也有人抨击极限 lim 的模棱两可，但当"现代分析学之父"魏尔斯特拉斯用 ε-δ 语言一举克服了"limit 困难"后，那些质疑的声音也都不再具有任何威慑力。

魏尔斯特拉斯为极限量身打造了一套精确完美的定义。

设函数 $f(x)$ 在 x_0 的某个"去心邻域[1]"内有定义，则任意给定一个 $\varepsilon > 0$，存在一个 $\delta > 0$，使得当 $0 < |x - x_0| < \delta$ 时，不等式 $|f(x) - A| < \varepsilon$ 都成立，则称 A 是函数 $f(x)$ 当 x 趋于 x_0 时的极限，记成：

$$\lim_{x \to x_0} f(x) = A$$

至此，第二次数学危机圆满度过。

那个一心想推翻整个微积分理论的顽固主教贝克莱，无论如何也想不到自己最终却促进了数学理论的发展，微积分也由此稳坐数学界的"霸主"地位。

1 去心邻域：在 a 的邻域中去掉 a 的数的集合，应用于高等数学。在拓扑学中，设 A 是拓扑空间 (X, τ) 的一个子集，点 $x \in A$。如果存在集合 U，满足 U 是开集，即 $U \in \tau$，点 $x \in U$，U 是 A 的子集，则称点 x 是 A 的一个内点，并称 A 是点 x 的一个邻域。

结语
伟大的数学革命

关于微积分的争夺战早已成为过眼云烟，但整个数学界和自然科学界的战火却从未停止，传说依然还在！

17 世纪后，我们用微积分推广出了卷积[1]、叠积的概念，最终有了无线电。

19 世纪初，我们用微积分发明了傅里叶级数[2]、傅里叶变换[3]等概念，最终有了现代电子技术和通信技术。

随后，我们又用微积分发明了拉普拉斯变换[4]，从此有了控制工程[5]。

甚至连莱布尼茨都曾向他的保护人公爵夫人苏菲这样描述过微分方程："我的女王，无穷小的用处无限广阔，我们可以用它来计算飘零落叶的轨迹，计算莱茵河畔竖琴声的和谐振动，计算你影子在夕阳下弯曲的度数……"

无论是在数学、工程，还是化学、物理、生物、金融、现代信息技术等领域，微积分一直风光无两，它是现代科学的基础，是促进科技发展的工具。自从人类能够操控这把"刀"之后，数学史上无数难题被一斩而断。用微积分的方法推导演绎出的各种新公式、新定理，促成了后来一场场科学和技术领域的革命。

1 卷积：分析数学中一种重要的运算。在泛函分析中，卷积是通过两个函数 f 和 g 生成第三个函数的一种数学算子。

2 傅里叶级数：法国数学家傅里叶发现，任何周期函数都可以用正弦函数和余弦函数构成的无穷级数来表示，后世称傅里叶级数为一种特殊的三角级数。根据欧拉公式，三角函数又能化成指数形式，也称傅里叶级数为一种指数级数。

3 傅里叶变换：一种分析信号的方法，它可以分析信号的成分，也可用这些成分合成信号。许多波形可作为信号的成分，如正弦波、方波、锯齿波等，傅里叶变换用正弦波作为信号的成分。

4 拉普拉斯变换：工程数学中常用的一种积分变换，又称拉氏变换。其在许多工程技术和科学研究领域中都有广泛应用，特别是在力学系统、电学系统、自动控制系统、可靠性系统及随机服务系统等系统科学中都起着重要作用。

5 控制工程：一门处理自动控制系统各种工程实现问题的综合性工程技术，包括对自动控制系统提出要求（规定指标）、设计、构造、运行、分析、检验等过程。它是在电气工程和机械工程的基础上发展起来的。

万有引力：从混沌到光明

$$F = \frac{G m_1 m_2}{R^2}$$

天不生牛顿，万古如长夜。

$$-\frac{Gm_1 m_2}{R^2}$$

3hNVde47dmtn

天地玄黄，宇宙洪荒，日月盈昃，辰宿列张……

在牛顿之前，人类认为这一切都掌控在神的手中；而牛顿之后，人类才知道，天地之间存在万有引力，它可以解释星辰运转。

宇宙和万物找到了统一规律，物理学第一次达到了真正的统一。

所以有人说：道法自然，久藏玄冥；天降牛顿，万物生明。

而后，以牛顿为代表的机械论之自然观，在整个自然科学领域里占据了长达两百多年的统治地位，现代科学由此形成。

牛顿的苹果

1727 年，牛顿逝世，英国以国葬规格将他安葬于威斯敏斯特大教堂。

出殡那天，抬棺椁的是两位公爵、三位伯爵和一位大法官，前来送葬的人将街道堵得水泄不通。在大家合唱的哀歌中，世界与这位科学巨人告别。

送别的人群之中隐藏着一位尚不为人知的小人物，他就是逃难到英国的伏尔泰[1]，他被现场的情景震撼到了，暗暗发誓一定得弄清牛顿是何许人也，到底取得了怎样惊人的成就？为什么能够得到如此的敬重和仰慕？很长时间内，伏尔泰在英国就做了一件事，每天到处找牛顿的亲戚朋友询问，牛顿到底是如何"一举命中"万有引力这一伟大成果的。

伏尔泰的纠缠使牛顿的外甥女婿不胜其烦，他告诉伏尔泰，这是因为有个苹果砸中了牛顿的脑门，然后，牛顿就开窍了。于是伏尔泰便摇晃着他的大脑袋，十分满意地走了，他把这个故事写进了书里，牛顿和苹果的故事就这样在世界各地传播开来。

那棵苹果树真的存在吗？如果存在，那棵树应该长在英格兰的伍尔斯托帕，牛顿家的老宅内。1666 年，牛顿在剑桥读书，正值"黑死病[2]"横行，两个月内致使 5 万人死亡，吓得 22 岁的牛顿赶紧躲回乡下老家。乡下的生活平静而踏实，不似在城里那么忙碌，牛顿就坐在苹果树下深度冥想。在短短的 18 个月内，他思考数学问题、进行光学实验、计算星体轨道、探索引力之谜……牛顿生平最重要的几项成就都在这一年半的时间内完成。他在日记里写道："那时我正处于

1 伏尔泰：法国启蒙思想家、文学家、哲学家。18世纪法国资产阶级启蒙运动的泰斗，被誉为"法兰西思想之王"，其主张开明的君主政治，强调自由和平等，代表作有《哲学通信》《路易十四时代》《老实人》等。

2 黑死病：人类历史上最严重的瘟疫，致病源是鼠疫杆菌，死亡率极高。

发明创造的高潮，我对数学与哲学的关注超过了那以后的任何时候。"
后来，1666 年也被称为牛顿的奇迹年。

跨越千年的神秘主宰之力

像牛顿这样一闲下来就思考行星的运动，是人类祖先常干的事，
而且越聪明的人越喜欢思考这个问题。

太阳为什么东升西落？月亮为什么阴晴盈缺？茫茫宇宙，又是什
么神秘的力量让那么多的天体不打架，不迷路，不拉拉扯扯，乖巧地
沿着各自的轨道有序运转？

大部分人对这冥冥之中的自然主宰之力保持敬畏，少部分离经叛
道的智者想一窥天人奥秘。

古希腊出了许多伟大的哲学家，他们一个个都自认为上知天文下
识地理，动不动就在广场上展示自己的哲思和智慧。亚里士多德更是
理直气壮地下结论：地球是宇宙的中心，其他的天体都围绕着地球
转，且运动轨迹是圆形的。

后来，这些智者谦虚了一些，托勒密发展了"地心说"，认为天
体最外层有个天称为原动天，也称最高天（图 5-1）。在这个最高天
上生活着第一推动者，即上帝，他推动着所有行星一个接着一个转动。

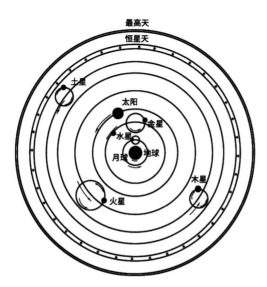

图 5-1　托勒密地心体系简图

5

万有引力：从混沌到光明

这样的宇宙学观点得到了教会的支持——人类是神的宠儿，万物以人类为中心。这种观点既满足了宗教方的诉求，也满足了人类的自尊心。所以，"地心说"延续了一千多年，直到生具慧眼的哥白尼提出'日心说'，基于几何学上解释了地球在太阳系的实际地位。但胆小怕事的哥白尼迫于宗教压力，直到古稀之年才出版《天体运行论》，在人生终点做了一回离经叛道之事。

哥白尼去世后，开普勒根据老师第谷的观测资料，计算出行星的轨道不是正圆，而是一个椭圆（图5-2），从而推导出开普勒第二定律，这个定律对人类认识宇宙运行规律做出了重大贡献。如图5-2所示，行星在相同时间扫过相同的面积（阴影部分），其中a、b为曲线段长度，A、B为阴影面积，t_1、t_2、t_3、t_4为时间。

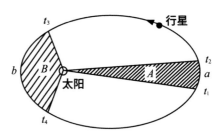

图 5-2　开普勒定律示意图

在研究天体运行的过程中，开普勒认为存在一种力让行星在椭圆轨道上运行，但那不是宗教里所说的上帝。占星师出身的开普勒虽然表面上是一个"神棍"，但骨子里根本就不相信那一套理论。那这个力到底是什么呢？地球与太阳之间的吸引力和地球对周围物体的引力是否是同一种力，又是否遵循着相同的规律？这些问题，开普勒没有能力给出答案。

开普勒定律诱发的引力证明

开普勒为宇宙天体学打开了一扇窗户，人类对行星运动规律的引力研究开始走向正轨。早在1645年，法国天文学家布里阿德（Bulliadus）就提出了引力与距离的平方成反比关系的猜想，后来人们根据开普勒第三定律，推导出这个结论是正确的。

但问题是力和距离的平方成反比，能否推出轨道一定是一个椭圆，并且满足开普勒第一定律和第二定律？大部分人都苦于数学不好，无法给出"从平方反比关系得到椭圆轨道运动"的严格证明。例如，英国著名的物理学家胡克是牛顿的对手，一直梦想着推翻牛顿的理论，他声称自己给出了"力和距离的平方成反比"的证明，却一直没有公布证明过程。

他的声明惊动了哈雷，于是哈雷隔三岔五地往胡克家跑，但胡克怎样也不肯把自己的证明手稿拿出来。时间久了，哈雷也厌烦了，他感觉胡克在吹牛。

1684 年，哈雷到剑桥登门拜访胡克的对手牛顿。牛顿说自己在五年前就证明了这个问题，哈雷惊喜万分，赶紧声称要出资帮助牛顿整理证明手稿并出版。被哈雷鼓动而斗志昂扬的牛顿也很配合，立马整理了《论运动》手稿，运用开普勒三定律、从离心力[1]定律演化出的向心力[2]定律、数学上的极限概念、微积分概念及几何法，证明了椭圆轨道上的引力平方反比定律。

1687 年，牛顿在哈雷的资助下正式出版《自然哲学之数学原理》，这本书给牛顿带来莫大名声，确立了其"英国科学界第一人"地位，而万有引力的全貌也在此书中首次被披露。

人类追寻了千年的"神秘之力"在此豁然开朗，全部功劳都将归于牛顿一人。胡克很不服气，要求牛顿至少在书的前言中提及他的贡献，毕竟他对"万有引力"确实有发现权。胡克在 1674 年发表过一篇有关引力的论文，还写信告诉过牛顿引力反比定律。没想到，牛顿毫不在意，反而回到家后立即把书中涉及胡克的引用通通删除。这场针锋相对的"万有引力"之争也由此成了科学史上著名的公案。

但是，胡克只提出了行星与太阳之间引力关系的猜想，而牛顿却能利用自己创立的微积分证明这个猜想，并将万有引力定律推广到宇宙间一切物体。在牛顿的猜想中，地上的苹果与天上的行星受到了同种力的作用。因为月球在轨道上运动的向心加速度[3]与地面重力加速度[4]的比值等于地球半径平方与月球轨道半径平方之比，即 $\dfrac{1}{3600}$。

现在，我们知道地面物体所受地球的引力与月球所受地球的引力是同一种力。牛顿把天地万物统一了起来，这样宏大的格局是胡克难以达到的。

1 离心力：一种虚拟力，也是一种惯性力，它使旋转的物体远离它的旋转中心。在牛顿力学里，离心力曾被用于表述两个不同的概念，即在一个非惯性参考系下观测到的一种惯性力，也是向心力的平衡。在拉格朗日力学下，离心力有时被用来描述在某个广义坐标下的广义力。

2 向心力：当物体沿着圆周或者曲线轨道运动时，指向圆心（曲率中心）的合外力作用力。"向心力"一词是从这种合外力作用所产生的效果而命名的。这种效果可以由弹力、重力、摩擦力等任何一力而产生，也可以由几个力的合力或其分力提供。

3 向心加速度：反映圆周运动速度方向变化快慢的物理量。向心加速度只改变速度的方向，不改变速度的大小。

4 重力加速度：一个物体受重力作用的情况下所具有的加速度，也称自由落体加速度，用 g 表示。其方向竖直向下，大小可由多种方法测定。

扭秤巧测引力常量 G

可惜，牛顿虽然用严谨的数学推出了万有引力，却始终没能得出万有引力公式中引力常量 G 的具体值。因为对于一般物体而言，它们的质量太小，在实验中很难准确测出它们之间的引力；而天体之间的引力很大，却又很难准确测出它们的质量。

直到一百多年后，卡文迪许成功利用扭秤给 G 定量，这才使万有引力定律形成了一个完善的等式。否则，万有引力或许就失去了应用价值，毕竟当时连牛顿自己也无法利用万有引力公式计算出地球的质量。从这个角度看，万有引力的真正意义就在于万有引力常数。

1789 年，卡文迪许机智地利用光的反射，巧妙放大了微弱的引力作用。他将两个质量相同的小铁球 m 分别放在扭秤的两端（图 5-3），扭秤中间用一根韧性极好的钢丝把一面小镜子系在支架上，然后用光照射镜子，光便会被反射到一个很远的地方，这时要做的就是立马标记光被反射后出现光斑的位置。

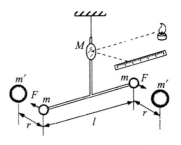

图 5-3　卡文迪许实验示意图

接着，用另外两个质量相同的大铁球 m' 同时吸引扭秤两端的小铁球 m。在万有引力作用下，扭秤会微微偏转，光斑的位置却移动了较大的距离。由此，卡文迪许测算出了万有引力公式中的引力常数 G 的值为 $6.754×10^{-11}\text{N}\cdot\text{m}^2/\text{kg}^2$。

这个数值 G 至今仍十分接近国际的推荐标准 $G=6.67259×10^{-11}\text{N}\cdot\text{m}^2/\text{kg}^2$（通常取 $G=6.67×10^{-11}\text{N}\cdot\text{m}^2/\text{kg}^2$）。在这之后，对于两个物体之间的万有引力，我们可用如图 5-4 所示的公式表示。

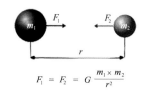

$$F_1 = F_2 = G \frac{m_1 \times m_2}{r^2}$$

图 5-4　万有引力定律示意图

F_1、F_2：两个物体之间的引力。

G：万有引力常量。

m_1：物体 1 的质量。

m_2：物体 2 的质量。

r：两个物体（球心）之间的距离。

依照国际单位制规定，F 的单位为牛顿（N），m_1 和 m_2 的单位为千克（kg），r 的单位为米（m），常数 G 近似于 $6.67 \times 10^{-11} \mathrm{N \cdot m^2/kg^2}$。

从上述公式中，我们可以直观地看出引力只与物体的质量、距离有关，如果这两者都不变，任凭沧海桑田，万有引力 F 也将恒定不变。所以，那句"你重或者不重，力就在那里，不增不减"是相当不靠谱的，当物体的吨位增大而距离不变时，F 也"只增不减"。

万有引力
黯然失色之时

科学家根据万有引力计算出太阳系的海王星和冥王星，使万有引力定律的地位一度登上巅峰，所有人都惊叹于万有引力对行星轨道的精确计算，这让大家都相信世间万物都遵循着这一定律自洽运转。

没有上帝，我们也能明了日月星辰、宇宙洪荒的运转规律，人类的自信心爆棚。

不过万物皆有局限，万有引力亦有边界，随着人类对自然宇宙的解读，发现万有引力定律并非万能，它也有无法触及的灰暗地带。

19 世纪末，科学家们发现水星在近日点的移动速度比理论值大，即水星轨道有旋紧。然而当人们用万有引力定律试图解释这种现象时，却发现毫无说服力，牛顿的理论失灵了。

不久后，爱因斯坦的广义相对论出现了，它正确解释出水星近日点每 100 年会出现 43 角秒的漂移，并且还能解释引力的红移和光线在太阳引力作用下的弯曲等现象。经典引力理论在广义相对论引力理论光芒的照射下，黯然失色。

经典的万有引力定律公式，其实可以用更加精密的相对论来表述。引入引力半径 $R_g = \dfrac{2Gm}{c^2}$，G、m 分别表示引力常量和产生引力场的球体的质量，其中 c 为光速，R 表示产生力场球体的半径，若 $\dfrac{R_g}{R} < 1$，则可用牛顿引力定律。对于太阳，$\dfrac{R_g}{R} \approx 4.31 \times 10^{-6}$，应用牛顿的引力定律毫无问题。对于白矮星，$\dfrac{R_g}{R} \approx 10^{-6} : 10^{-7}$，仍可使用万有引力定律。

但向外延伸到黑洞、宇宙大爆炸等宏观领域，万有引力就有心无力了，远不如广义相对论。它只适合在低速、宏观、弱引力的地方征战驰骋，一旦跑到高速、宇观与强引力的场所就会不再适用。

结语
从混沌到光明

万有引力就像超级望远镜，能看清哈雷彗星、海王星、冥王星；又如一杆巨秤，能称出太阳、地球等庞大天体的质量。

宇宙之门被它打开，天体运动的规律从此无处遁形。不管是我们熟悉的潮汐现象，还是藏在太阳系深处的行星，都逃不出万有引力的"手掌心"。

万有引力的出现，为人类建立起了理解天地万物的信心，使人们不再盲目崇拜神明，相信自我拥有改变世界的力量。正如物理学家冯·劳厄所说："没有任何东西像牛顿引力理论对行星轨道的计算那样，如此有力地树立起人们对年轻的物理学的尊敬。从此以后，自然科学成为智者心中的精神王国！"

欧拉公式：最美的等式

$$e^{i\pi} + 1 = 0$$

有数字的地方就有欧拉。

在人类的学问里，最接近金字塔顶端的是数学。

不过，世界上只有极少数的人，天生就对数具有强有力的直觉与天赋，这种天赋让他们成为"盗火者"，帮助人类探寻隐藏在宇宙最深处的规律。

在这样一小撮天才之中，欧拉又是出类拔萃的人物，可谓天才中的天才。他的研究几乎涉及所有数学分支，对物理学、力学、天文学、弹道学、航海学、建筑学等都有研究，甚至对音乐都有涉猎！有许多公式、定理、解法、函数、方程、常数等都是以欧拉的名字命名的，其中最有辨识度的，应该是欧拉公式。

这个公式将 5 个数学常数 0、1、e、i、π 简洁地联系起来，同时也将物理学中的圆周运动、简谐振动[1]、机械波[2]、电磁波、概率波[3]等联系在一起……数学家们评价它是"上帝创造的公式"。

1 简谐振动：物体在与位移成正比的回复力作用下，在其平衡位置附近按正弦规律作往复的运动。

2 机械波：机械振动在介质中的传播称为机械波。机械波与电磁波既有相似之处又有不同之处，机械波由机械振动产生，电磁波由电磁振荡产生；机械波在真空中根本不能传播，而电磁波（如光波）可以在真空中传播；机械波可以是横波和纵波，但电磁波只能是横波；机械波与电磁波的许多物理性质，如折射、反射等是一致的，描述它们的物理量也是相同的。常见的机械波有水波、声波、地震波。

"一笔画"解决哥尼斯堡七桥问题

18 世纪东普鲁士首府——哥尼斯堡，位于桑比亚半岛南部，这里不仅诞生了伟大人物哲学家康德，还有知名景点普雷格尔河。

这条河横贯其境，可把全城分为如图 6-1 所示的四个区域：岛区（A）、东区（B）、南区（C）和北区（D）。

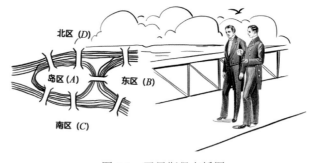

图 6-1　哥尼斯堡七桥图

3 概率波：空间中某一点在某一时刻可能出现的概率。这个概率的大小取决于波动的规律。因为爱因斯坦提出了光子具有波粒二象性，德布罗意于 1924 年提出假说，认为不只是光子才具有波粒二象性，包括电子、质子和中子等在内的所有微观粒子都具有波粒二象性。

其间还有七座别致的桥，横跨普雷格尔河及其支流，将四个区域连接起来，引得游客络绎不绝。游玩者都喜欢做这样一个尝试：如何不重复地走遍七桥，最后回到出发点。

然而，几乎每个尝试哥尼斯堡七桥问题的人，最后都精疲力竭，垂头丧气，他们发现不管怎么绕，路线都会重复。

当时数学巨人欧拉刚右眼失明，内心十分苦闷，但看到周围的居民竟都为这个问题如此抓耳挠腮，觉得很有意思。因为就算不用脚走，照样子画一张地图，把全部路线都尝试一遍也能使人心力交瘁，毕竟各种路线加起来有 $A_7^7 = 5040$ 种。

为解决这个问题，欧拉巧妙地把它化成了一个几何问题，将四个区域缩成四个点，以 A、B、C、D 四个字母分别代替四个区域，然后桥化为边，得到了如图 6-2 所示的七桥几何图。

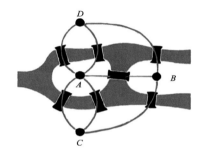

图 6-2　七桥几何图

再简化后，就变成如图 6-3 所示的七桥简化图。

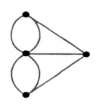

图 6-3　七桥简化图

这样，七桥问题摇身一变，成了孩子们最爱玩的一笔画问题。如果能在纸上一笔画完，又不重复，这个问题也就解决了。

整整一个下午，欧拉躲在屋子里闭门不出，桌上满是丢弃的纸团，复杂的线条像扯不清的毛线。过了许久，沾满铅笔屑的手指终于离开了欧拉的脸颊，他发现对于一个可以"一笔画"画出的图形，首先必须是连通的；其次，对于图形中的某个点，如果不是落笔的起点或终点，那么它若有一条弧线进笔，必有另一条弧线出笔，如图 6-4 所示。也就是说，交汇点的弧线必定成双成对，这样的点必定是偶点（由此点发出的线的条数为偶数的顶点）；而图形中的奇点（由此点发出的线的条数为奇数的顶点）只能作为起点或终点。在此基础上，欧拉最终确立了著名的"一笔画原理"，即一个图形可以一笔画的充分必要条件为：图形是连通图，以及奇点的个数为 0 或 2。

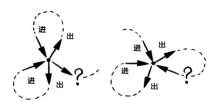

图 6-4 "一笔画"

　　显然，从图 6-3 中，我们可以看到奇点的个数为 4，不符合条件。多少年来，人们费尽心思试图寻找的走遍七桥而不重复的路线，其实根本就不存在。

　　将七桥问题转化为一笔画问题，是一个把实际问题抽象成数学模型的过程，这当中并不需要运用多么深奥的理论，但能想到这一点，却是解决难题的关键。后来，我们将此种研究方法称为数学模型方法，而这也是欧拉作为 18 世纪伟大的数学家异于常人之处。

多面体欧拉公式
透视几何之美

　　1736 年，《哥尼斯堡的七座桥》论文发布，这个有趣的问题被后人视为图论及拓扑学的最初案例，而这时，欧拉年仅 29 岁。

　　当然，这对于 13 岁考入名校，15 岁本科毕业，16 岁硕士毕业，19 岁博士毕业，24 岁成为教授的欧拉来说，只是基本操作。即使年纪轻轻就不幸地被夺走了有形之眼，但他始终拥有那双透视几何之美的无形之眼。

　　继解决七桥问题之后，作为拓扑学的奠基人，欧拉还提出了拓扑

学中最著名的定理 —— 多面体欧拉定理，即对于简单凸多面体来说，其顶点数 V、棱数 E 及表面数 F 之间的关系符合 $V-E+F=2$。

例如，如图 6-5 所示，一个正方体有 8 个顶点，12 条棱和 6 个面，代入拓扑学里的欧拉公式中，显然 8-12+6=2。

图 6-5　正方体

这个定理神奇地体现了简单多面体顶点数、棱数及面数间的特有规律，并再次证实了欧几里得证明的一个有趣事实：世上只存在五种正多面体。如图 6-6 所示，它们分别是正四面体、正六面体、正八面体、正十二面体、正二十面体。

正四面体　　正六面体　　正八面体　　正十二面体　　正二十面体

图 6-6　正多面体

后来，为了洞悉其他多面体的特有规律，如对于油炸圈饼状的多面体来说，$V-E+F=0$，并不等于 2，如图 6-7 所示。现在，$V-E+F$ 也被称为欧拉示性数，它是一个拓扑不变量[1]，用以区分不同的二维曲面。球面的欧拉示性数永远为 2，油炸圈饼状曲面的欧拉示性数永远为 0。

1　拓扑不变量：无论怎么经过拓扑变形也不会改变的量。

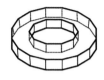

图 6-7　油炸圈饼状多面体

6

欧拉公式：最美的等式

拉扯微积分长大成人

欧拉作为史上非常多产的数学家，孜孜不倦地共写下了 886 本（篇）书籍和论文，其中分析、代数、数论占 40%，几何占 18%，物理和力学占 28%，天文学占 11%，弹道学、航海学、建筑学等占 3%。后来，彼得堡科学院为了整理他的著作，足足忙碌了 47 年。

然观其一生，在欧拉的所有工作中，首屈一指的还得论对分析学的研究，其成功地拉扯着牛顿和莱布尼茨的"孩子"——微积分长大成人，被誉为"分析的化身"。

比起牛顿和莱布尼茨这两位"微积分之父"，欧拉这个养父显然敬业得多，一连出版《无穷分析引论》（1748）、《微分学》（1755）和《积分学》（共三卷，1768—1770）三本书，堪称微积分发展史上里程碑式的著作，并且在很长时间内一直被作为分析课本的典范而普遍使用。

其中，《无穷分析引论》中给出了著名的极限[1] $\lim\limits_{x \to \infty}\left(1+\dfrac{1}{x}\right)^{x} =$ e($e = 2.7182818\cdots$)，而复变函数论里的欧拉公式 $e^{i\theta} = \cos\theta + i\sin\theta$ 更是在微积分教程中占据了重要地位。这个公式把微积分的三个极为重要的函数联系在了一起，而这些函数正是人们研究了千百年的课题！

指数函数 $\exp(x)$，可等价写为 e^x，这是微积分中唯一一个（不考虑乘常数倍）导数和积分都是它本身的函数。而三角函数中的余弦函数 $\cos x$ 和正弦函数 $\sin x$ 则是微积分中的"榜眼"和"探花"。阿尔福斯曾感慨："纯粹从实数观点处理微积分的人，不指望指数函数和三角函数之间有任何关系。"欧拉却能独具慧眼地将三角函数的定义域扩大到复数[2]，从而建立了三角函数和指数函数的关系。

更直观地理解，我们可以到复平面上看，θ 代表平面上的角，把 $e^{i\theta}$ 看作通过单位圆的圆周运动来描述单位圆上的点，而 $\cos\theta + i\sin\theta$ 也是通过复平面的坐标来描述的单位圆上的点，二者是同一个点不同

1　极限：数学中的分支，也是微积分的基础概念。数学中的极限指某一个函数中的某一个自变量在不断地逼近 A（可以是某个数，也可以是无穷大 ∞）时，函数值也不断地逼近 B（可以是某个数，也可以是无穷大 ∞）。

2　复数：把形如 $z=a+bi$（a, b 均为实数）的数称为复数，其中 a 称为实部，b 称为虚部，i 称为虚数单位。当 z 的虚部等于 0 时，这个复数可以视为实数；当虚部不等于 0，实部等于 0 时，常称 z 为纯虚数。

的描述方式，所以有 $e^{i\theta}=\cos\theta+i\sin\theta$，如图 6-8 所示。

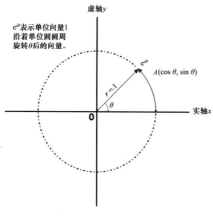

图 6-8　复平面坐标图

后来，我们还会在各个领域看到这个公式带来的变体，如在经济学中的演变：$\sum_{n=1}^{N}\dfrac{\partial f(\bar{x}_1,\cdots,\bar{x}_n)}{\partial x_n}\bar{x}_n=rf(\bar{x}_1,\cdots,\bar{x}_N)$，专用来求解消费者的需求函数[1]或生产者的生产函数[2]，而这是整个微观经济学的基础。

遥想当年，牛顿、莱布尼茨创立的微积分基础不稳，应用有限，主要还是从曲线入手对微积分进行研究。而欧拉却与一批数学家拓展了微积分及其应用，产生一系列新的分支，并将它们共同形成"分析"这样一个广大领域，同时明确指出，数学分析的中心应该是函数。

自此，18 世纪的数学形成了代数[3]、几何、分析三足鼎立的局面，而工业革命以蒸汽机、纺织机等机械为主体的运动与变化，也得到了最适合的数学工具进行精确计算。

1　需求函数：一种商品的市场需求量 Qd 与该商品的价格 P 的关系是降价使需求量增加，涨价使需求量减少，因此需求量 Qd 可以看作价格 P 的单调减少函数，称为需求函数，记作 $Qd=d(P)$。

2　生产函数：可以用一个数理模型，图表或图形来表示。假定 X_1、X_2、$\cdots$、X_n 顺次表示某产品生产过程中所使用的 n 种生产要素的投入数量，Q 表示所能生产的最大产量，则生产函数可以写成 $Q=f(X_1,X_2,\cdots,X_n)$，该生产函数表示在既定的生产技术水平下生产要素组合 $(X_1,X_2,\cdots,X_n)$ 在每一时期所能生产的最大产量为 Q。在经济学分析中，通常只使用劳动 (L) 和资本 (K) 这两种生产要素，所以生产函数可以写成 $Q=f(L,K)$。

史上最美的等式

欧拉公式虽然不如质能方程和万有引力那样可以改变人类的历史进程，却展示了欧拉独特的"数学审美"。

3　代数：研究数、数量、关系、结构与代数方程（组）的通用解法及其性质的数学分支。常见的代数结构类型有群、环、域、模、线性空间等。

如果取一个特殊值，令 $\theta=\pi$，代入复变函数论里的欧拉公式 $e^{i\theta}=\cos\theta+i\sin\theta$ 中，可得 $e^{i\pi}=\cos\pi+i\sin\pi$，即 $e^{i\pi}=-1+0$。该等式极具号召力地将数学中非常重要的五个常数 0、1、π、e 和 i 齐聚一堂，并以一种极其简单的方式将数学上不同的分支联系起来，这个融合了数学五大常数的公式也被誉为"史上最美妙的公式"。

0 和 1 是最简单的两个实数，是群、环、域的基本元素，更是构造代数的基础。任何数与 0 相加都等于它本身，任何数与 1 相乘也都等于它本身，有了 0 和 1，就可以得到其他任何数字。

无理数 π 在引爆数字狂热的同时，隐藏着世界上最完美的平面对称图形 —— 圆。π 在欧氏几何学和广义相对论中无处不在，有了 π，就有了圆函数，即三角函数。

无理数 e 是自然对数的底，大到飞船的速度，小至蜗牛的螺线，四处可见其身。有了 e，就有了微积分，也就有了和工业革命时期相适应的数学。

甚至，连数学的"隐士高手"虚数单位 i 也在其中，其是 -1 的平方根，也是方程 $x^2+1=0$ 的一个解。有了 i，就有了虚数，平面向量[1] 与其对应，也就有了哈密尔顿的四元数[2]。在欧拉之后的未来，虚数还成为引发电子学革命的量子力学的理论基础。

还有运算符号"+"和关系符号"="含于等式中。减法是加法的逆运算，乘法是累计的加法……有了加号，就可以引申出其余运算符号；而等号则在我们最初接触算术时，便教会了我们世上最重要的一种关系 —— 平衡。

欧拉恒等式仿佛一行极为完美而简洁的诗，道尽了数学的美好，数学家们评价它为"神创造的公式，我们只能看它却不能完全理解它"。这个公式在数学领域产生了深远的影响，如三角函数、泰勒级数、概率论、群论等。就连数学王子高斯也不得不承认："欣赏不了它的人，一辈子都成不了一流的数学家。"此外，欧拉公式对物理学的影响也很大，如机械波论、电磁学、量子力学等都匍匐在它的脚下。

1　平面向量：在二维平面内既有方向又有大小的量，物理学中也称为矢量，与之相对的是只有大小、没有方向的数量（标量）。平面向量用 a、b、c 等字母上面加一个小箭头表示，也可以用表示向量的有向线段的起点和终点字母表示。

2　四元数：简单的超复数。复数是由实数加上虚数单位 i 组成的，其中 $i^2=-1$。相似地，四元数是由实数加上三个虚数单位 i、j、k 组成的，它们有如下关系：$i^2=j^2=k^2=-1$，$ij=-ji=k$，$jk=-kj=i$，$ki=-ik=j$，每个四元数都是 1、i、j 和 k 的线性组合，即四元数一般可表示为 $a+bi+cj+dk$，其中 a、b、c、d 是实数。

60 岁时，欧拉不幸双目失明，但他依旧运用强大的记忆力和心算能力，通过口述形式完成了四百多篇论文，独自创立了刚体力学、分析力学等新学科。

法国大数学家拉普拉斯曾感慨："欧拉是所有人的老师。"

而这不仅仅是因为几乎每一个数学领域都可以看到欧拉的名字 —— 初等几何的欧拉线、多面体的欧拉定理、立体解析几何的欧拉变换公式、数论的欧拉函数、变分法的欧拉方程、复变函数的欧拉公式……

也不仅仅是因为他的创造在整个物理学和许多工程领域里都有着广泛的应用，更是因为欧拉为我们留下极其珍贵的科学遗产时，还展现了为科学献身的精神。在极少天赋异禀的天才之中，我们很难再见到有一人像欧拉这般一生勤勉而顽强，不曾因失明而停止前进的步伐，甚至保持充沛的精力到最后一刻。

在欧拉所有的成就中，极富灵气的 $e^{i\pi}+1=0$ 不是他最重要的成就，而是史上最独特的公式。

6

欧拉公式：最美的等式

伽罗瓦理论：无解的方程

$$x^5 + ax^4 + bx^3 + cx^2 + dx + e = 0$$

伽罗瓦的群论，拉开了现代数学的帷幕。

1832 年，自知将死的伽罗瓦奋笔疾书，洋洋洒洒地写了一篇几乎没有人关注、只有 32 页纸的数学论文，并时不时在一旁写下"我没有时间"。

第二天，他毅然参与决斗并不幸身亡，一个瘦弱却极富激情的天才就这样走了，他的生命只有 21 岁！

之后的 14 年里，始终没有人能彻底弄明白伽罗瓦写的到底是什么。包括那个时代最顶尖的数学家、物理学家 —— 高斯、柯西、傅里叶、拉格朗日、雅可比、泊松……他们无一人能真正理解伽罗瓦的理论。

谁也没有想到，这个 21 岁毛头小伙子的绝笔理论，开创了现代代数学的先河。

"跳出计算，群化运算，按照它们的复杂度而不是表象来分类，我相信，这是未来数学的任务。"伽罗瓦留下的这句话，直至今天，仍然像闪电一样划过夜空。

1 群论：群的概念引发自多项式方程的研究，由埃瓦里斯特·伽罗瓦在 18 世纪 30 年代开创。其指的是满足以下四个条件的带有一个二元运算的一组元素的集合：①运算是封闭的；②运算的结合律成立；③运算的单位元存在；④运算的逆元存在。

群论：现代代数学的来临

为什么数学家对五次方程如此迷恋？因为在五次方程的求解过程中，数学家们第一次凿开了隐藏在冰山下的现代科学，数学开始逐步进入到精妙的群论[1]领域。

群论开辟了一块全新的战场，以结构研究代替计算，把从偏重计算研究的思维方式转变为用结构观念研究的思维方式，并把数学运算归类，使群论迅速发展成为一个崭新的数学分支，对近世代数的形成和发展产生了巨大影响。

群论的出现，同样奠定了 20 世纪的物理基础。从此，统治人类近 200 年的牛顿机械宇宙观开始迈入随机和不确定性的量子世界和广袤无垠的时空相对论。

一场空前伟大的科学革命如疾风骤雨般降临，甚至延续至今。杨振宁的规范场论建立了当代粒子物理的标准模型，它的基础就是群论中的李群[2]和李代数，专门描述物理上的对称性。

如今的物理和数学显然已经无法想象没有群论的日子，算术和拓扑的交融是现代数学中一个极其神秘的现象，伽罗瓦群则在其中扮演

2 李群：在数学中，具有群结构的实流形或者复流形，并且群中的加法运算和逆元运算是流形中的解析映射，其在数学分析、物理和几何中都有非常重要的作用。

着重要的角色。

认真观察伽罗瓦群与拓扑中的基本群[1]，会发现两者十分相似。为了更深入地理解拓扑本质，20世纪数学界顶级天才格罗滕迪克提出了今天仍然神秘的Motive理论，而伽罗瓦的理论在这里可以看作零维的特殊情况。

另一种不同角度的观点则认为，伽罗瓦群（基本群）完全决定了一类特殊的几何对象，这是格罗滕迪克提出的anabelian理论。值得一提的是，近年来因宣称证明了abc猜想而引起热议的望月新一[2]，他的理论研究也属于这一方向。

而在代数数论中，伽罗瓦群是最核心的对象，它与"表示论"的融合则是另一个现代数学的宏伟建筑——朗兰兹纲领[4]的梦想，其与上面提到的Motive理论也是有机结合在一起的，它们共同构成了我们称之为算术几何领域中壮阔的纲领蓝图。

但这仅仅是伽罗瓦理论的现代演化的一部分，不过也是最激动人心的一部分。

五次方程
究竟有没有求根公式？

我们重新回到群论诞生的源头，那个数百年的历史难题：一般的五次方程是否有通用的根式求解？

这本质上涉及的是数学史上最古老也最自然的一个问题：求一元多次方程的根。

1 基本群：代数拓扑最基本的概念，最早由庞加莱提出并加以研究。在一个拓扑空间中，从一点出发并回到该点的闭合曲线，称为该点的一个回路。如果一条回路能够连续地形变成另一条回路（起始和终点不动），就称这两条回路同伦等价，我们把同伦等价的回路看作相同的东西。对于给定的一点，所有过该点的回路的同伦等价类全体形成一个集合，这个集合上可定义加法，即两条回路可以相加形成新的回路。这样此集合可形成一个群，称为拓扑空间在该点的基本群。

2 望月新一：日本京都大学教授，数学家，在"远阿贝尔几何"领域中做出过卓越贡献。2012年，他宣称自己解决了数学史上最富传奇色彩的未解猜想，即abc猜想。

3 abc猜想：于1985最先由乔瑟夫·奥斯达利及大卫·马瑟提出，2012年，数学家望月新一声称证明了此猜想。数学用三个相关的正整数a、b、c（满足a+b=c，a、b、c互质）声明此猜想。若d是abc不同素因数的乘积，这个猜想本质上是要表明d通常不会比c小太多。也就是说，如果a, b的因数中有某些素数的高幂次，那c通常就不会被这些素数的高幂次整除。

4 朗兰兹纲领：最早由罗伯特·朗兰兹于1967年在给韦伊的一封信件中提出。它是数学中一组影响深远的猜想，这些猜想精确地预言了数学中某些表面上毫不相干的领域之间可能存在的联系，如数论、代数几何与约化群表示理论。

早在古巴比伦时期，人们就会解二次方程。任何二次方程 $ax^2 + bx + c = 0\ (a \neq 0)$，现在我们会熟稔地运用其求根公式 $x = \dfrac{-b \pm \sqrt{b^2 - 4ac}}{2a}$ 进行求解。而三次方程和四次方程的求解直到 16 世纪中期才被解决，中间跨越了三千多年的悠悠岁月，最后在塔尔塔利亚、卡尔达诺、费拉里等数学大师的明争暗斗下，三次方程求解公式——卡尔达诺公式[1] 诞生。四次方程的求解则比人们预想的要快得多，费拉里十分机智地学会了师傅卡尔达诺的三次方程根式解法后，巧用降阶法获得四次方程的根式解法。对此，数学家们野心膨胀，开始相信所有的一元多次方程都能找到相应的求解公式。

然而，就当所有人都认为五次方程的解法会接踵而至时，在之后的两百多年间却一直成果寥寥，诸多高手为它前赴后继，最终却徒劳无功。

最先为五次方程求解提供新思路的是数学界的"独眼巨人"欧拉，他把任何一个全系数的五次方程转化为 $x^5 + ax + b = 0$ 的形式。出于对这一优美表达的倾心，欧拉自以为是地认为可以找出五次方程的通解公式，最终却一无所获。

与此同时，数学天才拉格朗日也在为寻找五次方程的通解公式而废寝忘食。借鉴费拉里将四次方程降阶为三次方程的历史经验，他如法炮制。遗憾的是，同样的变换却将五次方程升阶为了六次方程。

自此，数学家的脚步被五次方程这一关卡死死拦住，寻找一元多次方程通解公式的进展一度陷入迷局。而有关多次方程的争论，当时主要集中在了如下两大问题上。

（1）对 N 次方程，至少都有一个解吗？

（2）N 次方程如果有解，那么它会有多少个解呢？

数学王子高斯出马了，他挥动如椽巨笔，一扫数学家们前进的障碍。1799 年，他证明了每个 N 次方程都有且只有 N 个解。于是，他推论出五次方程必然有五个解，但是这些解都可以通过公式表达出来吗？

拨开迷雾之后，这个难题仍然浮现在人们眼前，五次方程究竟是否有通解公式的疑问依旧困扰着人类，挥之不去。

1 卡尔达诺公式：三次方程的求解公式，它给出三次方程 $x^3 + px + q = 0$ 的三个解为 $x_1 = u + v$，$x_2 = u\omega + v\omega^2$，$x_3 = u\omega^2 + v\omega$。该公式最早由意大利数学家塔尔塔利亚发现，后来卡尔达诺给出了该公式的证明，并公开发表在其 1545 年出版的书籍《大术》上。

一波三折
蒙尘的天才

历经几百年的折腾，19世纪初的数学帝国显然已经被五次方程摧残得心灰意冷，才会一连"打压"两个当时最为璀璨的少年天才。一个是年方26岁的挪威青年阿贝尔，另一个是只有21岁的法国才俊伽罗瓦。

1824年，阿贝尔发表了《一元五次方程没有代数一般解》的论文，首次完整地给出了一般的五次方程用根式不可解的证明，这是人类第一次真正触碰到五次方程求解的真谛。面对这个来自北欧的无名小子，数学家们纷纷摇头，根本不相信这个难题能就此被解答。柯西收到论文后，将此弃之一旁，随意地丢进了办公桌的某个抽屉里；高斯则在轻轻扫了一眼后，只留下一句"这又是哪种怪物"的评论。

尽管这位稀有的天才最终沉疴缠身，因病去世，他的论文却成功揭示了高次方程与低次方程的不同，证明了五次代数方程通用的求根公式是不存在的。

阿贝尔的这一证明使数学从此挣脱了方程求解和根式通解的思想束缚，颠覆性地提出，一个通过方程系数的加减乘除和开方来统一表达的根式，并不能用来求解一般的五次方程。

可如何区分、判定哪些方程的解可以用简单的代数公式（系数根式）来表达，哪些方程又不能呢？这一问题，阿贝尔并没有给出完美的答案。

直到伽罗瓦横空出世，高次方程的求解才真正坠落凡尘。

有人说伽罗瓦是人类历史上最具才华的数学大师，是天才中的天才，是被神所嫉妒的人，神害怕这样的人类存在，甚至不愿意看到与他有交往的人活着，于是想方设法地打击他、折磨他，直到他21岁决斗身亡。

1830年，19岁的伽罗瓦用一篇论文打开了一个更为广阔的抽象

1 有限群：具有有限多个元素的群，是群论的重要内容之一。其所含元素的个数称为有限群的阶。有限群可分为两大类：（有限）可解群与（有限）非可解群。

代数世界。他引入了一个新的概念 —— 群，以一种更完整而有力的方式，证明了一元 n 次方程能用根式求解的一个充分必要条件是该方程的伽罗瓦群为可解群（有限群[1]）。

由于一般的一元 n 次方程的伽罗瓦群是 n 个文字的对称群 S_n，而当 $n \geq 5$ 时 S_n 不是可解群，这就是导致四次方程可解，而五次方程等高次（大于四次）方程不可解的根本原因。

伽罗瓦以绝世才华打开了隐藏几百年的"群论"领域，他兴奋地把他的论文交给了当时的数学大师柯西，结果与阿贝尔得到的待遇并无两样，柯西答应完转眼就忘记了，甚至把伽罗瓦的论文摘要也弄丢了。

伽罗瓦又将方程式论写成三篇文章，自信满满地提交资料参加数学大奖，然而资料被送到傅里叶手中后，傅里叶没多久就去世了，伽罗瓦的论文再次蒙尘。

伽罗瓦在泊松的鼓励下向法国科学院递交了新的论文，两面派的泊松却又说伽罗瓦的理论"不可理解"。年轻气盛、满腹才华的伽罗瓦怒火中烧，觉得数学这个领域没什么意思，当即把全部力量投入政治运动中，且说出"如果需要一具尸体来唤醒人民，我愿意献出我的"这样的激烈言辞。数理领域的顶尖天才变成了新时代的愤青，对世界充满了愤怒。

随后的机缘巧合，让伽罗瓦在政治活动中偶遇了他生命中的女神，并为其神魂颠倒，赴汤蹈火。这是一个有夫之妇的神秘女子，她的丈夫同伽罗瓦的性格如出一辙，狂暴易怒，两人为此争吵决斗。最终，伽罗瓦在决斗中不幸死去。

或许是神灵对伽罗瓦的命运有所愧疚，冥冥中让伽罗瓦在死前整理遗稿，并将成果托付给了他的朋友奥古斯特·谢瓦利埃。朋友不负嘱托，把遗稿寄给了高斯与雅可比，却没有得到回应。到了 1843 年，法国数学家刘维尔慧眼识才，不仅肯定了伽罗瓦的群论思想，还将一元五次方程无解的根本原因公布于众。至此，伽罗瓦的天资与贡献才被世人所知。

就这样，经过三百多年的坎途后，五次方程终于被人们揭开了神秘面纱。自此，一条通往现代群论的铁路开始悄然搭建，代数学也迎来了新的篇章。

事实上，当初的阿贝尔和伽罗瓦并没有证明五次多项式方程无解，而是证明了一件更为微妙的事，即假定了这些解的存在，但代数运算操作（加减乘除与开任意次方）都不足以表达这些解。回想一下，前面提到低次方程的解都能只用代数运算操作表达。而在这个证明过程中，伽罗瓦表现出了他的惊世才华，敏锐地洞察到了多项式的解的对称性可以由多项式本身观察到而不必求解，而这一对称性本身完全决定了其解是否存在根号表达式。

以最标准的五次多项式方程为例：

$$x^5 + ax^4 + bx^3 + cx^2 + dx + e = 0$$

假定这一方程有 r_1、r_2、r_3、r_4、r_5 共五个根，则原标准的五次多项式的每 个系数都是根的 个对称函数。例如，$a = -(r_1 + r_2 + r_3 + r_4 + r_5)$，$b = r_1r_2 + r_1r_3 + r_1r_4 + r_1r_5 + r_2r_3 + r_2r_4 + r_2r_5 + r_3r_4 + r_3r_5 + r_4r_5$。通过观察这些公式，伽罗瓦注意到，按任意方式排列这些根，如把 r_1、r_2 对调，并不会改变这一表达式，各项会以不同的方式排列，但总和始终不变。五个数字有 120 种不同的排列方式，因此一个标准的五次多项式有 120 种对称方式。为了描述这种对称性，伽罗瓦创造了群的概念。根据由 120 种排列方式组成的群不允许出现方程要求的塔形子群，伽罗瓦证明出一个有根式解的五次多项式方程可允许的最高排列是 20。

这样，伽罗瓦实际上就解决了阿贝尔没有解决的问题，为确定哪些多项式方程有根式解而哪些没有提供了明确的判别标准。假如现在你面前有一个多项式，它的伽罗瓦群有不超过 20 个元素，那它就有根式解。

发现了伽罗瓦群这一解决五次方程的制胜秘诀后，伽罗瓦继续披荆斩棘，成功地证明了当 $n \geq 5$ 时 n 次交错群是非交换的单群，是不可解的。而一般的 n 次方程的伽罗瓦群是 n 次对称群的子群，因而一般五次和五次以上的方程不可能用根式解就是其一个直接的推论。

如果到这里觉得画面还是有些模糊，那我们再详细地解读下。设 $f(x)$ 是域 [1] F 上一个不可约多项式，假定它是可分的。作为 $f(x)$ 的分裂域 [2] E，E 对于 F 的伽罗瓦群实际上就是 $f(x)=0$ 的根集上的置换群 [3]，而 E 在 F 的中间域就对应于解方程 $f(x)=0$ 的一些必要的中间方程。方程 $f(x)=0$ 可用根式解的充分必要条件是 E 对于 F 的伽罗瓦群是可解群。所以当 $n \geq 5$ 时 n 次交错群不可解。

伽罗瓦这套使用群论证明的绝技最终成功破解了方程可解性的奥秘，清楚地阐述了为何高于四次的方程没有根式解，而四次及四次以下的方程有根式解，甚至借此完成了一次纵向穿越，解决了古代三大作图问题中的两个，即"不能三等分任意角 [4]"和"倍立方不可能 [5]"。

这些都为数学界做出了巨大的贡献，有关"群""域"等概念的引入更是抽象代数的萌芽。因此，人们将伽罗瓦的成果整理为伽罗瓦理论。伽罗瓦理论发展至当代，它已然不负人们的期望，成为当代代数与数论的基本支柱之一，功勋卓越。

1 域：数学词汇，包括定义域、值域等。在函数经典定义中，因变量改变而改变的取值范围称为这个函数的值域，现代定义中是指定义域中所有元素在某个对应法则下对应的所有的象所组成的集合。

2 分裂域：与多项式相关的一种域。在抽象代数中，具有域中系数的多项式分裂域是该域的最小域延伸，多项式在该域上分裂为线性因子。

3 置换群：n 元对称群的任意一个子群，都称为一个 n 元置换群，简称置换群。置换群是最早研究的一类群，每个有限的抽象群都与一个置换群同构，即所有的有限群都可以用它来表示。

4 不能三等分任意角：又称为三等分角问题，是古希腊三大几何作图问题之一，现如今数学上已证实了这个问题无解。三等分角问题具体可叙述为只用圆规及一把没有刻度的直尺将一个给定角三等分。在尺规作图（只用没有刻度的直尺和圆规作图）的前提下，此题无解。若将条件放宽，如允许使用有刻度的直尺，或者可以配合其他曲线使用，则可以将一给定角三等分。

5 倍立方不可能：倍立方问题的具体内容为"能否用尺规作图的方法作出一立方体的棱长，使该立方体的体积等于一给定立方体的两倍"。其实质是一个能否通过尺规作图从单位长度出发作出 $\sqrt{2}$ 的问题。

　　这场用汗水和生命浇灌出来的理论之花终于在三次方程求解成功的三百多年后绽放，曾经困扰了人类千百年来的高阶谜团也终被伽罗瓦理论一并解答。

　　法国数学家毕卡在评述19世纪的数学成就时，曾如是说："就伽罗瓦的概念和思想的独创性与深刻性而言，任何人都是不能与之相比的。"回望五次方程问题的解决过程，群论、域论[1]交相辉映，迂回曲折，也难怪当时学界顶级的审评大师们如坠云里雾中。

　　这位人类历史上最具天赋的数学家伽罗瓦后来所遇各种不幸，也都让人不禁感叹，这或许是来自造物主的嫉妒吧！

1　域论：抽象代数的分支，是很多学科的基础，是代数学中基本的概念之一，且历史悠久。域论研究域的性质，简单地说，一个域是在其上有加法、减法、乘法和除法的代数结构。

危险的黎曼猜想

$$\zeta(S) = \sum_{n=1}^{\infty} n^{-s} = \frac{1}{1^s} + \frac{1}{2^s} + \frac{1}{3^s} + \cdots = 0$$

能够引诱数学家出卖灵魂的，只有黎曼猜想。

$$\zeta(s) = \sum_{n=1}^{\infty} n^{-s} = \frac{1}{1^s} + \frac{1}{2^s} + \frac{1}{3^s} + \cdots$$

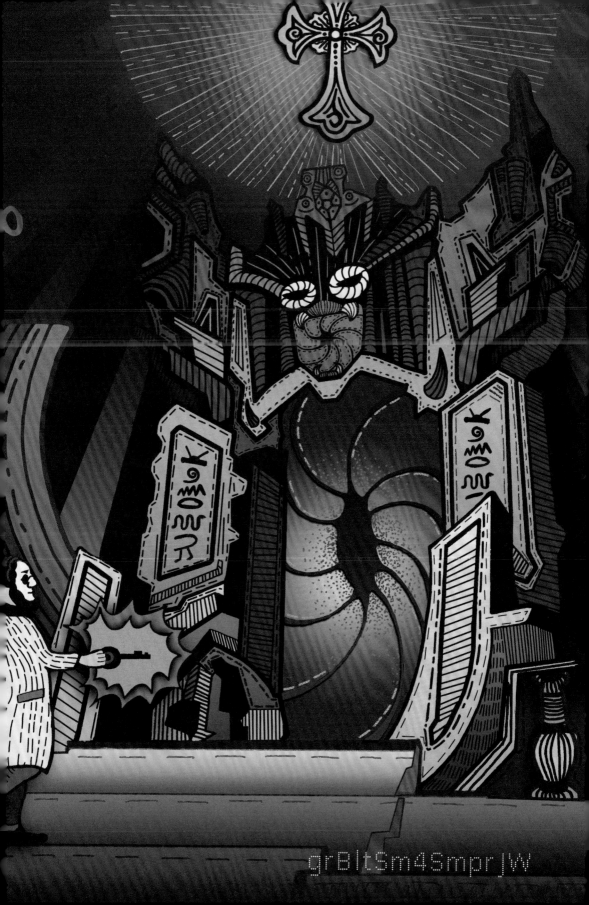

过直线外一点，可作几条平行线？

欧氏几何说，只能作一条。

罗氏几何[1]说，至少可以作两条（无数条也可以）。

黎曼慢悠悠地反问：谁知道平行线相交还是不相交呢？

这场"平行公理"的世纪之争，终结于黎曼几何[2]。

黎曼提出：过直线外一点，一条该直线的平行线也作不出来。这个基于球和椭球而得出的"无平行线"结论，成为相对论的数学帮手。

相对论最初的灵感，来源于爱因斯坦意识到引力可能并不是一种力，而是时空弯曲的体现。物理直觉超于常人百倍的爱因斯坦，一直找不到合适的数学工具来表达他的这种想法。如果直接说引力是时空弯曲效应，估计会被吐槽成"物理是体育老师教的""物理老师的棺材板要按不住了"。所以，直到他从数学界的朋友格罗斯曼[3]那里了解到黎曼的非欧几何，相对论才得以提早问世。

爱因斯坦得意地跟全世界说："如果没有我，50 年内也不会出现广义相对论。"这时候，有资格和爱因斯坦站在一起吹牛的，估计也只有数学巨匠黎曼了。

来自"高维世界"的黎曼

黎曼，1826 年生于汉诺威（今德国）一个牧师家庭。他的父亲本来希望他学习神学，将来成为一位赚钱的牧师，但是黎曼展现出来的数学天赋，挡都挡不住。

黎曼上中学的时候，老师已经发现这位学生掌握的数学知识远超自己，于是把学校图书馆里那本最厚、积了最多灰的书借给他。这本书就是勒让德的《数论》[4]。

1　罗氏几何：一种独立于欧氏几何的几何公理系统，是负曲率空间中的几何。欧氏几何的第五公设"平行公理（过直线之外一点有唯一的一条直线和已知直线平行）"在罗氏几何中被替代为"双曲平行公理（过直线之外一点至少有两条直线和已知直线平行）"，由此罗氏几何独立于欧氏几何。

2　黎曼几何：正曲率空间中的几何，由德国数学家黎曼创立，其采用了另一条新公理取代第五公设，创建了另一种非欧几何。黎曼的新公理认为，"过直线外一点，一条平行线也得不出来"。

3　格罗斯曼：数学家，苏黎世联邦理工学院的数学教授，也是爱因斯坦的朋友和同学。作为微分几何和张量微积分的专家，格罗斯曼在爱因斯坦研究引力方面提供了很多数学方面的帮助，促进了爱因斯坦对数学和理论物理学的独特综合。

4　《数论》：由法国数学家阿德利昂·玛利·埃·勒让德（1752—1833）所著，该书论述了二次互反律及其应用，给出了连分数理论及素数个数的经验公式等。

一个星期后这位学生回来还书，老师有点惊讶："这本书你看了多少？"

"看完了，理论挺奇妙的。"

老师震惊了，马上就找到了黎曼的父亲："赶紧把他送到高斯身边去。"

黎曼的人生本来被规划成了一个三流牧师，但因为一个老师的力荐，他走向了一流数学大师的道路。

在黎曼之前，人类对数学和空间的理解都来自《几何原本》[1]，建立在二维、三维世界的直观体验上。但是在自然界很难看到真正的欧氏几何图形，高山低谷、沧海桑田，都不是完美的几何图形。

随便举个例子：在平坦的空间里，三角形的内角和是 180°；但如果空间不是平坦的，而是存在一定的曲率，那么三角形的内角和就视乎它的曲率，大于或小于 180°，如图 8-1 所示。

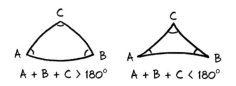

图 8-1　非平坦空间的三角形内角和

黎曼似乎来自更高维的世界，一眼就看透了这些缺陷，开始了突破人类想象的高端学术之旅。很多时候人类像二维平面上的蚂蚁，看不到"高"的空间，即便把二维平面弄皱，蚂蚁仍会认为平面是平坦的，只有当这些蚂蚁从皱褶曲面向上爬行时，它们才会感觉到自己被一股看不见的"力"阻碍，但仍然不知道还有空间的概念。黎曼像一个三维人到了二维世界，一眼看出世界并不仅仅是由一些长短线构成的，而是另有天地。

黎曼提出"高维空间"数学理论，古典世界的数学边界被拆除，他的伟大之处在于他引入高维概念后，所有传统数学的规律仍然自洽。他还推断出电力、磁力和引力都是由看不见的"皱褶"引起的，"力"本身并不存在，它只是由几何畸变引起的明显结果。如果细细品读，就会发现这与爱因斯坦提出的广义相对论非常相似。

1865 年，黎曼提出了关于空间皱褶的"切口"理论，这是一个世纪以后"虫洞"概念的雏形。2015 年的电影《星际穿越》中男主

1　《几何原本》：又称《原本》，是古希腊数学家欧几里得所著的一部数学著作。它是欧氏几何的基础，也是欧洲数学的基础，总结了平面几何五大公设，内容涉及透视、圆锥曲线、球面几何学及数论等。书中，欧几里得使用了公理化的方法。这一方法后来成了建立知识体系的典范。

人公进入五维空间，与女儿进行超空间对话，也是黎曼"高维概念"的一个形象展示。

这位体弱多病的数学天才，本来有希望推翻矗立了两千多年的古典几何大厦，只可惜生命之主给他的时间太少。

黎曼猜想与裸奔的互联网

"几何"一直是黎曼的主业，这是一座深不可测的数学殿堂，但我们今天不谈他的主业，而是聊聊他在 1859 年"闲暇之余"随手丢下的一个猜想。这个猜想使黎曼虽深居简出，却经常出现在人们视野。

这个猜想是存在一类对素数分布规律有着决定性影响的黎曼 ζ 函数[1] 非平凡零点。黎曼 ζ 函数的所有非平凡零点都位于复平面上 $\mathrm{Re}(s) = \dfrac{1}{2}$ 的直线上，即方程 $\varsigma(s) = 0$ 的解的实部都是 $\dfrac{1}{2}$。

更通俗的数学表达式如下：

$$\varsigma(s) = \sum_{n=1}^{\infty} n^{-s} = \frac{1}{1^s} + \frac{1}{2^s} + \frac{1}{3^s} + \cdots = 0$$

它的所有非平凡零点都在直线 $\mathrm{Re}(s) = \dfrac{1}{2}$ 上。后来，数学家们还把这条直线称为临界线（critical line）。

那什么是黎曼 ζ 函数呢？

黎曼 ζ 函数 $\varsigma(s)$ 是级数表达式 $\varsigma(s) = \sum_{n=1}^{\infty} \dfrac{1}{n^s}$（$\mathrm{Re}(s) > 1$）在复平面上的解析延拓[2]，即 $\varsigma(s) = \dfrac{r(1-s)}{2\pi i} \oint \dfrac{(-z)^s}{e^z - 1} \dfrac{dz}{z}$。

这个猜想看似简单，但证明起来十分困难。从历史上看，求多项式的零点特别是求代数方程的复根都不是简单的问题。一个特殊函数的零点也不太容易找到。

黎曼自己肯定也没有想到，他所提出的这个猜想足足困扰了数学家们一百多年。如果黎曼知道我们纠结至今，一定会花点时间把过程写出来的。

1 黎曼 ζ 函数：主要和"最纯"的数学领域数论相关，它也出现在应用统计学和齐夫 - 曼德尔布罗特定律（Zipf-Mandelbrot Law）、物理和调音的数学理论中。

2 解析延拓：把区域 D 和 D 中的一个解析函数 $f(z)$ 合在一起，称为一个解析元素，记作 (f, D)。若两个解析元素 (f_1, D_1)、(f_2, D_2)，满足 $D_1 \cap D_2 \neq \phi$，$\forall z \in D_1 \cap D_2$，$f_1(z) = f_2(z)$，则称其中任何一个解析元素是另一个解析元素的直接解析延拓。若有一串解析元素：(f_1, D_1)、(f_2, D_2)、$\cdots$、(f_n, D_n)，其中任意相邻两个解析元素是对方的直接解析延拓，则称 (f_n, D_n) 是 (f_1, D_1) 的解析延拓（(f_1, D_1) 也是 (f_n, D_n) 的解析延拓）。

这件事情还得"怪"他的老师高斯[1]，高斯有一句座右铭"宁肯少些，但要成熟"，这种低调作风深深地影响着黎曼，使他成了一个惜字如金的学者。

他一生仅发表过 10 篇论文，但每篇论文都横跨各领域，是一位多领域的先锋开拓者。虽然黎曼不到 40 岁就去世了，但他仍然显示出惊艳众人的才华。

1859 年，黎曼抛出这个不朽的猜想，就是想解决素数之谜。黎曼猜想认为素数是随机均匀分布的，而在密码学中，许多密码系统的安全性依赖于随机数的生成，因而素数在密码学中显得尤为重要。如今，科学家验证到极大的数字依然没有反例，所以证明黎曼猜想其实是在理论上证明了现在的素数加密算法是足够安全的；相反，如果找到一个黎曼猜想的反例，那它很可能打破人们对素数随机均匀分布规律的认知，届时密码界也将产生巨变。

1 高斯：德国著名数学家、天文学家，和阿基米德、牛顿并列，享有"数学王子"的盛名。其成就遍及数学的各个领域，在数论、非欧几何、微分几何、超几何级数、复变函数论及椭圆函数论等方面均有开创性贡献。

非对称加密算法和素数的关系

和我一样担心着自己银行账户和黎曼猜想的朋友，我们再一起复习一下小学数学。

小于 20 的素数有多少个？答案是有 8 个：2、3、5、7、11、13、17 和 19。小于 1000 的素数有多少个？小于 100 万的呢？小于 10 亿的呢？

观察素数表，你会发现素数数目的增速是下降的，它们越来越稀疏，如图 8-2 所示。1~100 有 25 个素数，401~500 有 17 个，而 901~1000 只有 14 个。如果把素数列到 100 万，最后一个百数段（999901~1000000）中只有 8 个素数；如果列到 10000 亿，最后一个百数段中将只有 4 个素数，它们是 999999999937、999999999959、999999999961、999999999989。

N	小于N的素数有多少？
1 000	168
1 000 000	78 498
1 000 000 000	50 847 534
1 000 000 000 000	37 607 912 018
1 000 000 000 000 000	29 844 570 422 669
1 000 000 000 000 000 000	24 739 954 287 740 860

图 8-2　小于 N 的素数数量排列

很明显，越到后面，找到素数就越发艰难。

1966 年，非平凡零点已经验证出了 350 万个。

20 年后，计算机已经能够算出 Zeta 函数前 15 亿个非平凡零点，这些零点无一例外地都满足黎曼猜想。

2004 年，这一记录达到了 8500 亿。最新的成果是法国团队用改进的算法，将黎曼 Zeta 函数的零点计算出了前 10 万亿个，仍然没有发现反例。

10 万亿个饱含着激情的证据再次坚定了人们对黎曼猜想的信心。然而，黎曼 Zeta 函数毕竟有无穷多个零点，10 万亿和无穷大比起来，仍然只是沧海一粟。黎曼猜想的未来在哪里，人们一片茫然，不得而知。

因此，聪明的数学家就将素数应用在密码学上。毕竟人类还没有发现素数的规律，如果以它作为密钥进行加密，破解者必须要进行大量运算，即使使用最快的电子计算机，也会因求素数的过程时间太长而失去了破解的意义。

现在普遍使用于各大银行的是 RSA 公钥加密算法[1]，其基于一个十分简单的质数事实：将两个大质数相乘十分容易，但是想要对其乘积进行质因数分解却极其困难，因此可以将乘积公开作为加密密钥。

1　RSA 公钥加密算法：是一种非对称加密算法。在公开密钥加密和电子商业中，RSA 被广泛使用。RSA 公钥加密算法由罗纳德·李维斯特、阿迪·萨莫尔和伦纳德·阿德曼于 1977 年共同提出，RSA 就是由他们三人姓氏首字母所组成的。

"Todd 函数"能证明黎曼猜想吗？

证明黎曼猜想真的有那么难吗？

时间告诉我们，这条临界线至少为难了数学界的高智商数学家们一百多年。

1896 年，法国的阿达玛抵达猜想的临界线边缘 —— 证明了黎曼 ζ 函数的非平凡零点只分布在带状区域的内部，同时攻克了刁难人类 100 年的素数定理。

1914 年，丹麦的玻尔与德国的兰道触到了冰山一角，窥得了黎曼 ζ 函数的非平凡零点倾向于"紧密团结"在临界线的周围。

1921 年，英国的哈代开全副武装模式，直接将"红旗"插上了临界线 —— 证明了黎曼 ζ 函数有无穷多个位于临界线上的非平凡零点，却并没有对无穷多个占比全部多少进行估算。

1974 年，美国的列文森证明了至少有 34% 的零点位于临界线上。

1989 年，美国的康瑞又改进了列文森的推论，重新开启了估算的新篇章，又证明了至少有 40% 的零点位于临界线上。

……

然而，谁也没能真正搞定黎曼猜想，数学上"无穷大"这只"恶魔"让再多数值证据都微不足道。

直到 2018 年 9 月 24 日，著名数学家阿蒂亚[1]向全世界展示了黎曼猜想的证明过程。

89 岁的阿蒂亚爵士提出了对黎曼猜想证明方法的一个简单思路，这个灵感来源于他在 2018 年 ICM 上提出精细结构常数[2]（Fine Structure Constant）的推演，这是一个物理学上长期存在的数学问题。

这一推演过程结合了冯·诺依曼的算子理论[3]及希策布鲁赫创立并证明的代数簇黎曼 - 罗赫定理[4]，还应用了 Todd 函数参与计算，而这个函数是证明黎曼猜想的核心。

阿蒂亚爵士根据 Todd 函数的性质构建了一个 F 函数，然后利用反证法：假设那些零点不在临界线上，即不在 $Re(s)=\dfrac{1}{2}$ 这条线上，然后用 F 函数推出了与 Todd 函数性质相悖的结论。如果 Todd 函数性质严格成立，那么假设错误，黎曼猜想得证。

就这么简单吗？急忙从"深山老林"里跑出来围观的科学家们推了推眼镜。

毕竟，关于 Todd 函数本身正确与否，目前学术界还需要一定时

1 阿蒂亚：英国数学家，被誉为 20 世纪伟大的数学家之一。其给出了阿蒂亚 - 辛格指标定理；为 K 理论的发展做出了重要贡献；解决了李群表示论、与规范场有关的代数几何中的若干问题，把不动点原理推广到一般形式。

2 精细结构常数：物理学中一个重要的无量纲数，常用希腊字母 α 表示。精细结构常数表示电子在第一玻尔轨道上的运动速度和真空中光速的比值，计算公式为 $\alpha=e^2/(4\pi\varepsilon_0 ch)$（其中 e 是电子的电荷，ε_0 是真空介电常数，h 是普朗克常数，c 是真空中的光速）。

3 算子环理论：始于 1930 年下半年，冯·诺依曼引入并研究了某类算子构成的代数结构，并称之为算子环。他十分熟悉诺特和阿丁的非交换代数，很快就把它用到希尔伯特空间上有界线性算子组成的代数上去，后人把它称为冯·诺依曼算子代数。

4 黎曼 - 罗赫定理：数学中，特别是复分析和代数几何的一个重要工具，可计算具有指定零点与极点的亚纯函数空间的维数。它将具有纯拓扑亏格 g 的连通紧黎曼曲面上的复分析，转换为纯代数设置。

间进行考究。而且，在这个领域，阿蒂亚和他的弟子们才是权威，别人想插手也不容易。

那 Todd 函数再加反证法，真能证明黎曼猜想吗？不少人认为这不够严谨，为那公布的 5 页纸争议不休，但到现在也没有权威数学家质疑阿蒂亚爵士。而面对本来就是数学界泰山北斗的阿蒂亚，又有多少人有能力来证明他的对与错呢？

对于这点，可借鉴费马大定理被证明时苛刻的审核机制，未来学术界会给予我们答案。

不管最终结局如何，这位 89 岁的数学家仍难能可贵地为我们提供了一种新思路，这值得我们给予其崇高的敬意。

猜想被证伪会动摇数学大厦吗？

尽管阿蒂亚爵士在 2018 年的论文中最后表明，用他的方法，精细结构常数与黎曼猜想已经被解决了，不过他只解决了复数域上的黎曼猜想，有理数域上的黎曼猜想还需要再研究。

黎曼猜想如果被证伪会动摇数学根基，这并不是一个"阴谋论"。数学文献中已有一千多条数学命题以黎曼猜想的成立为前提，如果黎曼猜想被证实，所有那些数学命题将可以全部上升为定理；反之，那些数学命题中起码有一大半将成为"陪葬品"。

那些建立在黎曼猜想上的推论，可谓是一座根基不稳、摇摇欲坠的大厦。

一个数学猜想与为数如此众多的数学命题有着密切关联，这是世上极为罕有的。也许正是因为这样的关系，黎曼猜想的光环才变得更加耀眼，也越发让人着迷。"数学界的无冕之王"希尔伯特（Hilbert）曾表示，如果在死后 500 年能重返人间，他最想知道是否已经有人解决了黎曼猜想？而阿蒂亚自己演讲时则打趣道："解决黎曼猜想你会出名，但如果你已经是个名人，那就有声名狼藉的风险了。"

因而，阿蒂亚爵士对黎曼猜想的证明对错与否，都将牵一发而动全身，直接影响以黎曼猜想作为前提的数学体系。

黎曼于 1866 年 7 月 20 日去世，离开这个世界时还不到 40 岁。

这位与欧拉、高斯、伽罗瓦一样在数学上具有顶尖天赋的人物，虽不幸英年早逝，却走得极为安详与满足。

他并没有意识到自己对这个世界的影响会如此深远，临走之前非常平静，没有挣扎也没有临终痉挛，仿佛饶有兴趣地观看灵魂与肉体的分离。

《素数之恋》一书谈到，他的妻子给他拿来面包和酒，他要妻子把他的问候带给家里人，并对她说："亲亲我们的孩子。"妻子为他诵读了主祷文，他的眼睛虔诚地向上仰望，几次喘息以后，他纯洁而高尚的心脏停止了跳动。

他长眠在塞拉斯加教区比甘佐罗教堂的院子里，墓碑上写着一段话。

这里安息着

格奥尔格·弗里德里克·伯恩哈德·黎曼

哥廷根大学教授

生于 1826 年 9 月 17 日，布雷斯伦茨

卒于 1866 年 7 月 20 日，塞拉斯加

万事都互相效力

叫爱神的人得益处

9

熵增定律：寂灭是宇宙宿命？

$$dS \geqslant \frac{dQ}{T}$$

宇宙终将死亡，这是它的必然宿命？

热力学第二定律又称熵增（熵＋）定律，那什么是熵增呢？

陈年老屋，炉寒火尽，如果无人照料，日积月累必然灰尘满地。这就是熵增，熵的物理意义就是体系混乱程度的度量。

其实不仅仅是陈年老屋，整个宇宙也是如此，世界都是趋于无序化的，最终会变得越来越混乱。因为熵增的存在，最终都会走向"寂灭"。

熵增，能否被逆转？

这是知名科幻作家阿西莫夫[1]的终极之问，亦是宇宙演化与人类文明所面临的最为绝望的终极问题。

阿西莫夫在《最后的问题》一书中大胆地描绘了千亿年间人类的进化轨迹，聪明的未来人每次都能在能量即将耗尽时找到下一个栖息地。从人类创立超级智能体"模"，到人类占满银河系的每个角落，再到人类抛弃肉体的限制，以心灵为形体，自由漂泊，融入集体意识中。然而，人类最终还是无法逃脱灭亡与宇宙死寂的命运。纵然是强大到几乎无所不能的超级智能体"模"也始终无法解决这个最后的问题，答案一直是资料不足，无可奉告。

所以，一切就此消亡吗？

如果要寻找这个答案，我们要从最根本的命题出发，首先，了解什么是"热"。

1 阿西莫夫：1920—1992 年，美国著名科幻小说家、科普作家、文学评论家，美国科幻小说黄金时代的代表人物之一，作品《基地系列》《银河帝国三部曲》《机器人系列》三大系列被誉为"科幻圣经"。

2 查尔斯·珀西·斯诺：1905—1980 年，英国科学家与小说家。斯诺最值得人们注意的是其关于"两种文化"这一概念的演讲与书籍。在《两种文化与科学变革》这本书中，斯诺注意到科学与人文联系的中断是解决世界上的问题的一个主要障碍。

热是什么？
从热质说到热运动的跃迁

查尔斯·珀西·斯诺[2]在《两种文化》这本图书中写道："一位对热力学一无所知的人文学者和一位对莎士比亚一无所知的科学家同样糟糕。"

如果认真学习热力学定律并对整个热力学发展有所了解，那你定会对斯诺此言首肯心折。尤其是"熵"一词，直接揭示了宇宙的发展本质与人类的命运结局。

但在热力学诞生之前，人类并不清楚"热"是什么，将热和温度的概念也混为一谈，多数人以为物体冷热的程度就代表着物体所含热的多寡，直到 17 世纪，伽利略发明了温度计之后，人们才逐渐明白其中区别。而有关温度的具体定义，则要得益于热力学第零定律的提出，其依据的是如图 9-1 所示的我们日常生活中都可以感知的实验事实。

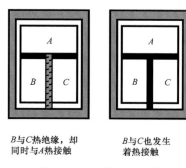

B 与 C 热绝缘，却   B 与 C 也发生
同时与 A 热接触   着热接触

图 9-1 热力学第零定律

如果 A 与 B 两个热力学系统达到热平衡，A 与 C 两个热力学系统也达到了热平衡，那么即使 B 与 C 热绝缘，B 与 C 之间也会达到热平衡。

这个实验事实是标定物体温度数值的基本依据。

最初，人们对热的本性认知可用"热质说"来概括，即认为热是一种会从高温物体流向低温物体的物质，同时根据实验结果，热这种物质没有质量，它被称为"卡路里"，即健身人士一直想燃烧的对象。乍一看，这个理论很有说服力。看看你桌上刚刚泡的热茶，它的冷却就可以用热质说来解释，即热茶的温度高，表示热质浓度较高，因此热质会自动流到热质浓度较低的区域。除此之外，热质说还能解释很多热现象。

到了 18 世纪末，伦福德发现了"热质说"的一个漏洞，它无法解释摩擦生热的现象。伦福德是一个美国人，他曾经参加过独立战争，却是一个"反动派"，站在了英国政府一边与华盛顿武装交战。后来，他娶了拉瓦锡的夫人，而"热质说"就是拉瓦锡在 1772 年用实验推翻燃素说[1]后才开始盛行。《化学基础》一书中，拉瓦锡就把热列在了基本物质之中。

作为一个工程师，伦福德曾领导慕尼黑兵工厂钻制大炮。在这个过程中，他发现铜炮在钻了很短一段时间后就会产生大量的热，而被钻头从炮上钻出来的铜屑则能热到直接融化，并且这些由摩擦所生的热似乎无穷无尽。这让他非常怀疑，铜里面怎么可能会有那么多热质，

1 燃素说：1703年，由德国化学家施塔尔正式提出，其认为火是由无数细小而活泼的微粒构成的物质实体，燃烧现象实际上是物体吸收释放燃素的过程。但燃素说存在很多漏洞，后未遭到质疑。1756年，罗蒙诺索夫用实验证明了燃素说是错的。

可以把铜屑都融化了？所以，他认为热不是一种物质，而是一种运动。

然而当时的人们并不相信"反动派"伦福德的话。19 世纪，一直到德国迈尔医师和英国物理学家焦耳做出努力，才逐渐改变了这种观念。

迈尔医师的一生充满不幸，在一次驶往印度尼西亚的远航中，他有幸首次领悟出能量的秘密，却无缘享受发现这一秘密本可带来的殊荣。迈尔的医学造诣不高，给生病船员治病的手段就是放血，后来通过医学证明这并不科学。他在放血时观察到另一个现象，热带病人的静脉血不像生活在温带国家中的人那样颜色暗淡，而是像动脉血那样鲜艳，即人生活在热带和温带时静脉血颜色不同。

这一现象使他想到食物中含有化学能，它像机械能一样可以转化为热。在热带高温情况下，机体只需要吸收食物中较少的热量，因而机体中食物的燃烧过程相应减弱，静脉血中留下了较多的氧，颜色更鲜艳。由此，他认识到热是一种能量，生物体内能量的输入和输出是平衡的，并在后来成为完整地提出了能量转化与守恒原理 —— 热力学第一定律的第一人。

不过，迈尔的聪明才智始终不为世人所理解，反而遭遇到世俗的偏见与讥笑。他的论文被杂志社反复扣押，两个孩子不幸夭折，弟弟因革命活动而被捕入狱。在极度的精神压力下，迈尔一度被关进精神病院，备受折磨。

相比之下，同时期的"富二代"焦耳就幸运很多，他严谨的实验证明比迈尔所用的推理方法更能被人接受。当时，电气热潮席卷欧洲，磁电动机刚刚出现，成了最有可能代替蒸汽机的新动力。于是，酿酒厂老板立马资助儿子焦耳研究磁电动机。通过磁电动机的各种试验，焦耳注意到电动机和电路中的发热现象，由此开始进行电流的热效应研究，并花了将近 40 年的时间来证明功转换成热时，功和所产生热的比是一个恒定的值，即热功当量。1848 年，他通过实验证明，当物体所含的力学能转换为热能时，整体能量会保持不变，能的形式可以互相转变。在此之上，焦耳逐渐发展出了热力学第一定律，并为热力学的整体发展确立了基础。

永动机：欲望承载体的破碎

如果不从科学实验本身来比较迈尔和焦耳两人对热力学第一定律的研究成果，从个人行为动机上看，焦耳也会更为当时的社会大众所接受。

因为19世纪早期，人们沉迷于一种神秘机械——第一类永动机，这是一种不需要能源就可以永远工作的机器。而焦耳当初研究磁电动机的实质正是为了制造效率更高的新机器，所以后来焦耳也曾一度试图制造永动机。

制造永动机的想法可不是空穴来风，最早甚至可以追溯到公元1200年左右，由印度人巴斯卡拉提出后传入西方。15世纪，西方人文主义觉醒，社会对能量的需求也越来越大，各界大师纷纷投入其中，包括著名画家达·芬奇。

达·芬奇在设计永动机方案时认为，轮子左半面的球比右半面的球离轮心更远些，因此左半面球产生的力矩更大，就会使轮子沿箭头方向转动不息，如图9-2所示。

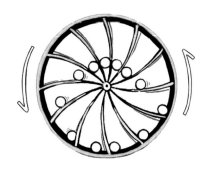

图9-2 达·芬奇的永动机示意图

但实验结果却是否定的。虽然左边小球运动在凸面，对轴的力矩大，右边小球运动在凹面，对轴的力矩小，但是也存在正、负力矩相抵消的问题。再加上各种摩擦及空气阻力，装置终将会停下来。

达·芬奇得出结论：永动机不可能实现。不过，人们一直没有放弃。工业革命后，对蒸汽机的效率改良需求更是促使各色人等都投入永动机的制造之中。但不管是借助水的浮力，还是利用同性磁极之间排斥作用，所有设计方案都以失败告终。在无数次失败后，人们终于悟出：不可能出现没有能量输入而一直对外做功的装置。所以，从社会动机的角度看，热力学第一定律最初是针对"永动机的设计"而提出的。当然，热力学第一定律也彻底灭杀了第一类永动机追求者的幻想。

有趣的是，在这之后，人类对永恒运动的欲望并没有就此熄灭，象征着荣誉、财富、无穷能量的永动机依旧使"淘金者"牵肠挂肚。人们开始琢磨着，既然能量不能凭空产生，那是否能发明一种机械，它可以从外界吸收能量，然后用这些热量全部对外做功，驱动机械转动？这就是历史上有名的第二类永动机。

当时在拿破仑手下打过工的卡诺对永动机并不感冒，不过他相信错误的"热质说"，还依据错误的"热质说"和"永动机械不可能"两个原理导出了卡诺定理。他认为热能之所以能转换成功，就像水轮机里的水从位置较高的地方流到位置较低的地方推动水轮机一样，"热质"从温度高的地方流向温度低的地方，也能够推动热机运转，这说明热机的最大热效率只取决于其高温热源和低温热源的温度。该定理其实是热力学第二定律的结果。

不幸的是，1832 年，这位才华横溢的青年先罹患猩红热，又得了脑膜炎，最后死于霍乱，年仅 36 岁，其所有研究资料毁于一旦。直到四十多年之后，人们在卡诺仅存的一个笔记本里发现，卡诺最后放弃了"热质说"，转为热的运动说，并几乎悟出能量守恒定律。

1850 年，在热力学第一定律与卡诺定理的基础上，克劳修斯提出了热力学第二定律，认为热量总是从高温物体传到低温物体，不可能做相反的传递而不引起系统其他变化，这意味着热传递具有方向性和不可逆性。尽管承认克劳修斯为热力学第二定律的发现者，英国勋爵开尔文却不满足于这一过程描述。1851 年，他从热功转化角度出发，提出了"热力学第二定律的开尔文说法"——物质不可能从单一热源吸取热量，使之完全变为有用的功而不产生其他影响。

自此，名垂寰宇的热力学第二定律诞生。

让人绝望的热寂论

热力学体系的逐步建立，让人类彻底认清了持续千年的神秘永动机不过是海市蜃楼。

1906 年，能斯特[1]提出热力学第三定律，人们才认识到现实中绝对零度不可能达到，只能无限趋近。

但最打击人的还是热力学第二定律，因为这一定律并不限于热力学，还可以延展到社会学，乃至宇宙学。在我们习以为常的生活中，整个自然界和社会看似有序，实则无序和混乱也在暗外不断滋长。如果没有外力的影响，事物将永远向着更为混乱的状态发展。不信瞧瞧你的房子，如果很长时间没有打扫，只会越来越乱，灰尘越积越多，不可能越来越整洁。

那这种混乱状态该如何度量呢？ 1854 年，克劳修斯率先找到了一个用来衡量孤立系统混乱程度的物理量熵，并用 dS 表示熵的增量，并指出在加热过程中存在两种情况。

（1）加热过程可逆，则熵的增量：

$$dS = \left(\frac{dQ}{T}\right)_r$$

（2）加热过程不可逆，则熵的增量：

$$dS > \left(\frac{dQ}{T}\right)_{ir}$$

式中，dS 为熵增；dQ 为熵增过程中系统吸收的热量；T 为物质的热力学温度；下标 r 为英文 reversible（可逆）缩写，下标 ir 为英文 irreversible（不可逆）缩写。

将上述两种情况综合起来就可以得到：

$$dS \geqslant \frac{dQ}{T}$$

在这一公式指导下，克劳修斯得出了一个重要结论：封闭系统下，熵不可能减少，即 $dS \geqslant 0$，这证明了自然界的自发过程是朝着

1 能斯特：德国卓越的物理学家、化学家和化学史家，也是热力学第三定律开创者，能斯特灯的创造者。1889 年，能斯特提出了溶解压假说，从热力学导出了电极势与溶液浓度的关系式，即电化学中著名的能斯特方程。

9

熵增定律：寂灭是宇宙宿命？

熵增加的方向进行的。由此，热力学第二定律也被推广到了更广阔的意义上，可以概括为宇宙的熵恒增，即熵增定律。

从此，"熵"成了科学界一个神秘而忧伤的存在。

当它与时间联系在一起时，时间无法"开倒车"（黑洞内部除外）；当它与生命联系在一起时，则如一根尖针戳穿了人类长生不老的美梦；而当它与宇宙联系在一起时，它更似一部剧本，写清了宇宙的前世今生和最终走向。

1867 年，熵增定律被用于宇宙，克劳修斯提出了传说中的热寂论。

热寂论在科学界掀起轩然大波，无数科学家急得抓耳挠腮。因为一旦热寂论被证实，人类千百年的奋斗与拼搏就像一场徒劳无功的笑话。

试想，整个宇宙的熵会一直增加，那么，伴随着这一进程，宇宙变化的能力将越来越小，一切机械的、物理的、化学的、生命的等多种多样的运动会逐渐转化为热运动。整个宇宙将会达到热平衡，温度差消失，压力变为均匀，熵值达到最大，所有的能量都成为不可再进行传递和转化的束缚能，宇宙都最终进入停滞状态，陷入一片死寂。

更为悲怆的是，熵在揭露宇宙终极走向的同时，也让我们看清了自己的渺小。我们不仅不可能造出永动机，而且能量也终有一天会枯竭。

人类像是一步步去看清宇宙真相的孩子，我们从直立行走到点燃普罗米修斯之火，从男耕女织到走进蒸汽时代，从电磁统一到走进信息社会……但是面对熵，却依旧似一个光脚的孩子，手足无措，无力去阻止宇宙的毁灭。一句"熵增是宇宙万事万物自然演进的根本规律"，就可以把我们困于绝望之中。

逆熵而行的"麦克斯韦妖"

面对热寂论对宇宙命运的宣判，很多科学家气急败坏，称熵增定律是堕落的渊薮。美国历史学家亚当斯也道："这条原理只意味着废墟的体积不断增大。"杰出的科学家们开始对宇宙热寂理论采取行动，其中首先提出解决方案的是电磁学家麦克斯韦。

1871 年，麦克斯韦意识到自然界存在着与对抗熵增的能量控制机制，却无法清晰说明这种机制，只能诙谐地设计了一个假想的存在物 —— 麦克斯韦妖。此妖有极高智能，虽个头迷你，却可以追踪每个分子的行踪，并能辨别出它们各自的速度。

在麦克斯韦设想的方案中，一个绝热容器被分成相等的两部分 A 和 B，如图 9-3 所示，由麦克斯韦妖负责看守两部分之间的"暗门"，通过观察分子运动速度，打开或关闭那扇"暗门"，使快分子从 A 跑向 B，而慢分子从 B 跑向 A。这样，它就在不消耗功的情况下，B 的温度提高，A 的温度降低，从而与热力学第二定律发生了矛盾。

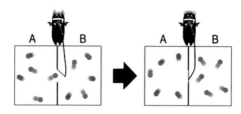

图 9-3　麦克斯韦妖实验图

乍一看来，麦克斯韦妖击败热力学第二定律似乎轻而易举，同时也让炬赫一时的热寂论多了一种反对势力。人人高兴不已，期待着真有这么一个拥有无比敏锐感官的存在物，能让雨滴从地面飞回云里，让宇宙起死回生。

但在纪律森严的物理帝国，麦克斯韦没有根据任何实验来检验他的假说是否成立，心地单纯的麦氏小妖命途多舛。它成功地困扰科学家一百多年，成了科学家诘难热力学第二定律并反对热寂论的著名假想实验。

直到 20 世纪 50 年代，信息论在热力学中应用后，寄予着人类救世主情怀的麦克斯韦妖才被判定为不可能活着。计算机科学家兰道尔提出的兰道尔原理说明了擦除信息是需要消耗能量的，这表明了不消耗额外能量就能记录并区分信息的麦克斯韦妖并不存在。

借助熵增的概念，克劳修斯熵指明了热力过程的宏观不可逆。

借助麦克斯韦妖，麦克斯韦想在微观层面找到对抗熵增的方法。

在麦克斯韦的世界里，他的小妖是身手敏捷的赛跑者，通过和运动的分子赛跑来对抗熵增。被小妖监测着的分子不停地做着无规则的热运动，但无论快慢，都逃不过小妖的魔掌。这种混乱无序的分子热运动[1]，在别人看来是刺耳的魔音，对于玻尔兹曼来说，却是一首气势恢宏的交响乐。

为了解释热力学第二定律的本质原因，玻尔兹曼将统计学思想引入了麦克斯韦的分子运动论中。1872 年，从分子运动体系的非平衡到平衡，玻尔兹曼用概率织就了一个流光溢彩的偏微分方程，用来描述非热力学平衡状态的热力学系统统计行为。在一个有着温度梯度差的流体中，热量从高温区（分子运动剧烈）流向低温区（运动较不剧烈），借助不同动量分子的碰撞，分子的运动剧烈程度渐趋一致。

这个有着普适意义的分子运动公式，为他后来解释热力学第二定律的微观意义埋下契机。

1877 年，玻尔兹曼将宏观的熵与体系的热力学概率联系起来，发现了一个表示系统无序性大小的公式：$S \propto \ln \Omega$。在普朗克引进了比例系数 k 后，这个公式进一步华丽蜕变为 $S = k \ln \Omega$，被称为玻尔兹曼－普朗克公式。作为 19 世纪理论物理学重要的成果之一，这个公式后来还被刻在了玻尔兹曼的墓碑上，为玻尔兹曼伟大而不朽的一生做了最后的总结。

在这个公式中，玻尔兹曼用统计学解释了在微观上什么是熵。

S 是宏观系统熵值，是分子运动或排列混乱程度的衡量尺度，也称为玻尔兹曼熵；k 为玻尔兹曼常数[2]；Ω 是可能的微观态数，服从玻尔兹曼统计分布律，Ω 越大，系统就越混乱无序。也就是说，一个宏观系统的熵就是该系统所有可能的微观状态的统计之和。由此，熵的微观意义也就呼之欲出，即系统内分子热运动无序性的一种量度。

1 分子热运动：物体都由分子、原子和离子组成，而一切物质的分子都在不停地运动，且是无规则的运动。分子的热运动与物体的温度有关，物体的温度越高，其分子的运动越快。

2 玻尔兹曼常数：热力学的一个基本量，记为 k 或 kB，数值为 $k=1.38\times10^{-23}$J/K，玻尔兹曼常数等于理想气体常数 R 除以阿伏伽德罗常数（$k=R/NA$），其物理意义是单个气体分子的平均动能随热力学温度 T 变化的系数。玻尔兹曼常数是把熵（宏观状态参数）与热力学概率（微观物理量）联系起来的重要桥梁。

在热力学第二定律中，熵在孤立系统是恒增的，随着熵的无限增加，系统从有序朝着无序发展，如高温→低温、高压→低压……而玻尔兹曼指出，这种无序性的量度与微观态数 Ω 有着不可不说的纠葛：微观态数越少，系统越有序，微观态数越多，系统越无序。

不仅如此，这种从高有序度演变为低有序度的发展方向与概率也有着莫大的渊源。

对物理这门艺术有着无上追求的玻尔兹曼，不拘泥于克劳修斯的熵增定律，在前者的基础之上开拓性地提出：孤立系统的熵不会自发减少的原因是熵高的状态出现的概率大。一切系统的自发过程总是从有序向无序演变，这实则也是一种从概率小的状态向概率大的状态的演变。自然界总是朝着概率更大的方向发展，这是热力学第二定律的本质。

用一个熵增，克劳修斯熵指明了热力过程的不可逆，玻尔兹曼熵却用统计语言对热力过程进行了定量评述。在克劳修斯的眼中，熵是一种宏观态，表示物质所含的能量可以做功的潜力，与热效率有关；而在玻尔兹曼眼中，熵幻化成了一种微观态，是能量在空间分布均匀性的量度，能量分布不均匀性越大，能量做功效率越大。

原本泾渭分明的两个世界，一个宏观极大世界，一个微观极小世界，在玻尔兹曼的手中被概率统计这一数学方法统一起来。虽然我们不能像量子力学那样精确描述每个个体的微观运动，但是可以从微观整体上描述宏观系统的许多行为，描绘整个宇宙面貌。

然而，这样一种抛弃宏观现象类推、用数学手段探寻本质的科学哲学思维，与 19 世纪盛行的经验主义是相悖的。玻尔兹曼的理论在当时太过超前，直到 20 世纪，物理学家们才逐渐认可"创造性原则寓于数学之中"，物理学理论研究才走向高度数学化、抽象化和形式化。

如果把玻尔兹曼的精神世界比作一个孤立系统，按照熵增原理，熵无情地朝着其极大值增长，他的精神世界也因始终被外界孤立，不被当时学界所认可而越来越混乱。充满了悲伤的熵增热寂论，似乎早已喻示了玻尔兹曼的结局。1906 年，他以上吊自杀的方式结束了自己的生命，只留下了刻在他墓碑上的那个公式：$S = k.\log W$。

生命以负熵为食

"落叶永离，覆水难收；死灰欲复燃，艰乎其力；破镜愿重圆，翼也无端；人生易老，返老还童只是幻想。"无论是克劳修斯熵，还是玻尔兹曼熵，似乎都以一种不可逆的增长态势迅猛发展。系统从小概率趋于大概率，从有序趋于无序，在熵达到极大值后归于沉寂。

无数自然现象，无不印证着熵增原理的正确性，哪怕是麦克斯韦妖也无法抵抗宇宙热寂的悲剧命运。

那我们身处的这个世界为什么又生机勃勃呢？生命现象似乎是一个例外。

生命是一种总是维持低熵的奇迹。一个生命，在它活着的时候，总是保持着一种高度有序的状态，各个器官和细胞的运作井井有条，只有死后才会很快化为一堆无序的物质。

在自然科学家和社会科学家看来，生命是高度有序的，智慧也是高度有序的。可在一个熵增的宇宙中，一切本该发展为混乱无序的存在，又为什么会出现生命，进化出智慧？

按照玻尔兹曼熵的微观意义，熵是组成系统的大量微观粒子无序度的量度，系统越无序、越混乱，熵就越大。那这存在于生命中有序化、组织化、复杂化的负熵似乎违背热力学第二定律。

生命真的可以抵抗熵增吗？这个问题，薛定谔有自己的答案。

在《生命是什么》一书中，薛定谔独辟蹊径地把熵与生命结合起来，石破天惊地提出了一个观点：生物体以负熵为食，一个生命有机体天生具有推迟趋向热力学平衡（死亡）的奇妙的能力。从有机生命系统来看，所有的生命都有一个终点，那就是死亡，每个人熵最大化的状态便是死亡。

因而，人在生命期限内，只有一直保持不稳定的状态，才能对抗熵的增加。对抗熵增也意味着人要让自身变得有序，如何变得有序呢？薛定谔提出：生物体新陈代谢的本质，是使自己成功地摆脱在其存活期内所必然产生的所有熵。人通过周围环境汲取秩序，低级的汲取秩序是求生存，即获取食物，靠吃、喝、呼吸和新陈代谢，这是生理需求；高级的汲取秩序则是增强自身技能，在与他人和社会的交往中获益。

但无论是低级汲取还是高级汲取，都是人为吸引一串负熵去抵消生活中产生的熵的增量，这是人类生存的根本：以负熵为食。

从这个角度看，人天生就是与熵增相对抗的力量。

人类：为宇宙建立微末秩序

《列子·汤问》中曾记栽北山愚公，午且九十，却以残年余力，叩石垦壤，企图移山。

山巍峨庞然，而愚公老弱如浮萍，故河曲智叟笑其不惠。

然愚公答曰："虽我之死，有子存焉；子又生孙，孙又生子；子又有子，子又有孙；子子孙孙无穷匮也。而山不加增，何苦而不平？"

根据热力学第二定律，宇宙天然而熵增，它俯瞰众生，侵蚀万物，比起那岿然不动的山更为渺茫，纵使伟大如爱因斯坦，坚韧如霍金也无能为力。放眼历史，喧嚣过后终归无声，热寂才是最终归宿。

但人类以负熵为食，即使面对宇宙热寂，也从未胆怯止步。内以新陈代谢消除有机体内产生的熵的增量，外则不断在环境中建立"有序"社会，力图使一切维持在一个稳定而又低熵的水平之上。

纵然微小若星骸尘埃，也要求得自我的生命意义；纵然仅仅拥有数十年光阴，也要为这混乱的宇宙建立秩序。

9

熵增定律：寂灭是宇宙宿命？

10

麦克斯韦方程组：让黑暗消失

$$\oint_L B \cdot dl = \mu_0 I + \mu_0 \epsilon_0 \frac{d\Phi_E}{dt}$$

宇宙间任何的电磁现象，皆可由此方程组解释。

$$\oint_L B \cdot dl =$$

$$+ \mu_0 \varepsilon_0 \frac{d\Phi_E}{dt}$$

DF64DI6c78K4K2

实验室里，鸦雀无声。

赫兹全神贯注地盯着两个相对的铜球，下一秒他合上了电路开关。

电流穿过装置里的感应线圈，开始对发生器的铜球电容进行充电。随着"啪"的一声，赫兹的心仿佛被提到了嗓子眼儿，发生器上已经产生了火花放电，接收器又是否会同时感应生出美丽的火花？

赫兹的手心早已出汗，真的有一种看不见、摸不着的电磁波吗？

历史性的时刻终于到来——

一束微弱的火花在接收器的两个小球间一跃而过！

赫兹激动地跳了起来，麦克斯韦的理论胜利了！电磁波的确真实地存在，正是它激发了接收器上的电火花。

万有引力般的超距作用力

很久以前，人类就对静电和静磁现象有所发现。但在漫长历史岁月里，人们并没有发现这两个现象之间存在着某种关联。

electricity（电）的语源是拉丁语 electricus（琥珀）。在古希腊及地中海区域的历史里，早有文字记载，将琥珀棒与猫毛摩擦后，就可以吸引羽毛一类的物质。这是最早的摩擦起电现象。

关于磁，中国是对磁现象认识最早的国家。公元前 4 世纪《管子》中就有描述："上有慈石者，其下有铜金。"在《山海经》《吕氏春秋》等古籍中也可以找到一些磁石吸铁现象的记载。

发现电与磁之间有着某些相似规律，还源于物理学家库仑的小小野心。1785 年，作为牛顿的忠实拥护者，库仑把万有引力的理论应用到静电学中，如同星球间发生万有引力的作用，两个带电球之间的作用力是否也同样遵循着平方反比律？他精心设计了一个扭秤实验，如图 10-1 所示，在细银丝下悬挂一根秤杆，秤杆上挂有一个平衡小球 B 和一个带电小球 A，在 A 旁还有一个和它一样大小的带电小球 C。

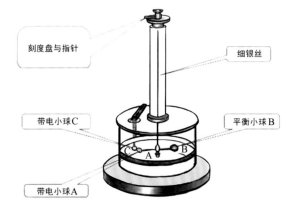

刻度盘与指针

细银丝

带电小球C

平衡小球B

带电小球A

图 10-1　库仑扭秤实验

A 球和 C 球之间的静电力会使悬丝扭转，转动悬丝上端的悬钮，使小球回到原来位置。在这个过程中，可通过记录扭转角度、秤杆长度的变化，计算得知带电体 A、C 之间的静电力大小。

实验结果如库仑所料，静电力与电荷电量成正比，与距离的平方成反比。这一规律后来被称为库仑定律[1]。既然库仑定律与万有引力之间存在着这样令人惊奇的相似之处，那么，是否在磁的世界里也存在同样的情况？随后，库仑对磁极进行了类似的实验，再次证明：同样的定律也适用于磁极之间的相互作用。这就是经典磁学理论。

库仑发现了磁力和电力一样遵循平方反比律，却并没有进一步推测两者的内在联系。和当时大多数物理学家一样，他相信物理中的能量、热、电、光、磁，甚至化学中所有的力都可描述成像万有引力般的超距作用[2]力，而力的强度取决于距离。只要再努力找到几条力学定律，那整个物理理论就能完整了！

库仑这种天真的想法很快就被推翻，万有引力般的超距作用没有那么强大，但是库仑定律的提出还是为整个电磁学奠定了基础。

1　库仑定律：静止点电荷相互作用力的规律。1785年，法国科学家库仑由实验得出，真空中两个静止的点电荷之间的相互作用同它们的电荷量的乘积成正比，与它们的距离的二次方成反比，作用力的方向在它们的连线上，同名电荷相斥，异名电荷相吸。

2　超距作用：物理学史上出现的关于作用力及传递媒介的一种观点。这一观点认为，相隔一定距离的两个物体之间存在着直接、瞬时的相互作用，不需要任何媒质传递，也不需要任何传递时间。

终成眷属的电与磁

最先发现电和磁之间联系的，是丹麦物理学家奥斯特。

1820 年，奥斯特是哥本哈根大学一位颇具魅力的教授，他讲课从不照本宣科，凡事讲究实践是检验真理的唯一标准，所以每次上课，他常常二话不说就带着学生做实验，学生因此很少翘课。有一天，他在做实验时意外发现了电流的磁效应：当导线通电流时，下方小磁针产生偏转。

这一惊人发现，首次将电学和磁学结合了起来。有远见的年轻人纷纷转行投身电磁学中进行深入研究，这当中就包括数学神童——安培。

当安培得知奥斯特发现电和磁的关系时，他立马放弃了自己小有成就的数学研究，进军物理学领域，并以敏锐的直觉提出右手螺旋定则 [1] 来判断磁场 [2] 方向。如图 10-2 所示，大拇指的方向为电流方向，四指的绕向为磁场方向。

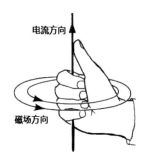

图 10-2　安培右手螺旋定则

在实验中，安培发现：不仅通电导线对磁针有作用，而且两根平行通电导线之间也有相互作用，同向电流相互吸引，反向电流相互排斥。

数理本一家，在通往物理的康庄大道上，安培没有忘本，反而利用了老本行的优势，将电磁学研究数学化。他在 1826 年直接推导得到了著名的安培环路定理 [3]，用来计算任意几何形状的通电导线所产生的磁场，这一定理后来成了麦克斯韦方程组的基本方程之一。

安培也成了电磁学史上不容或缺的人物，被麦克斯韦誉为"电学中的牛顿"。

法拉第：麦克斯韦背后的男人

1860 年，麦克斯韦见到了他生命中最重要的男人——法拉第。

法拉第唤醒了麦克斯韦方程组中除了安培环路定理的另一个基本方程。

家境贫寒的法拉第，其童年是在曼彻斯特广场和查里斯大街度过的。年幼的他曾在书店当装订工，凭着一腔孤勇，毛遂自荐成了英国皇家学院"电解狂魔"戴维的助手，从此与电磁学结下不解之缘。

1831 年，法拉第发现了磁与电之间的相互联系和转化关系·只要穿过闭合电路的磁通量发生变化，闭合电路中就会产生感应电流。如图 10-3 所示，这种利用磁场产生电流的现象称为电磁感应，产生的电流称为感应电流。

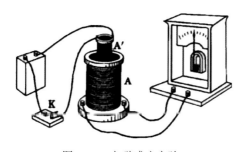

图 10-3　电磁感应实验

但这些观察结果还只属于零碎证据，电流的实质是什么？通电线圈如何在没有直接接触时作用于磁铁？运动的磁铁如何产生电流？那时，并没有人能够理解它们。

大多数人还沉迷于用超距力理论解释电和磁的现象，而法拉第却播下了一颗与众不同的思维火种，他以自己的慧眼看到了力线在整个空间里穿行，如图 10-4 所示，这实际上否认了超距作用的存在。他还设想了磁铁周围存在一种神秘且不可见的"电紧张态"，即我们今天所称的磁场。他断定电紧张态的变化是电磁现象产生的原因，甚至猜测光本身也是一种电磁波。

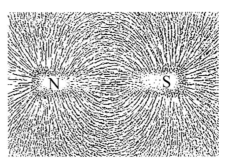

图 10-4 法拉第力线

不过，将这些想法打造成为一个完整的理论，已经超出了他的数学能力，只读了两年小学的法拉第，数学水平还停留在加减乘除上。或许，一个了解实验，另一个却精通数学，这正为法拉第和麦克斯韦的一见如故埋下了伏笔。

法拉第发现电磁感应这一年，恰逢麦克斯韦诞生。

虽然他们拥有整整40岁的年龄差，可麦克斯韦在读到法拉第《电学实验研究》一书时，还是轻易地就被法拉第的魅力吸引。数理功底扎实的他，决定用数学定量表述法拉第的电磁理论。

1855年，麦克斯韦发表了第一篇电磁学论文《论法拉第的力线》，通过数学方法，他把电流周围存在磁力线的特征概括为一个矢量微分方程，导出了法拉第的结论。而在这一年，法拉第告老退休，他看到论文时大喜过望，立刻寻找这个年轻人，可是麦克斯韦却杳如黄鹤，不见踪影。

直到五年后，孤独的法拉第在1860年终于等来了麦克斯韦这个不善言辞、老实诚恳的年轻小伙，法拉第语重心长地嘱咐："你不应停留于用数学来解释我的观点，而应该突破它！"听了这句话，麦克斯韦虽表面波澜不惊，内心却汹涌澎湃，开始全力研究电磁学。

1862年，麦克斯韦发表第二篇电磁学论文《论物理力线》，不再是简单地将法拉第理论进行数学翻译，这次他首创了"位移电流[1]"的概念。两年后，他发表第三篇论文《电磁场的动力学理论》，在这篇论文里，他完成了法拉第晚年的愿望，验证了光也是一种电磁波。

最后，麦克斯韦在1873年出版了他的电磁学专著《电磁学通论》。这是电磁学发展史上的里程碑。在这部著作里，麦克斯韦总结了前辈们的各大定律，以他特有的数学语言，建立了电磁学的微分方程组，揭示了电荷、电流、电场、磁场之间的普遍联系。这个电磁学方程，就是后来以他的名字著称的麦克斯韦方程组。

1 位移电流：电位移矢量随时间的变化率对曲面的积分。麦克斯韦首先提出这种变化会产生磁场的假设，并称其为位移电流。位移电流只表示电场的变化率，与传导电流不同，它不产生热效应、化学效应等。

世上最伟大的公式
麦克斯韦方程组

以电磁的蓝色火花幻化成的四个完美公式，有积分和微分两种绽放形式。

以积分为对象，我们来解读麦克斯韦方程组专属数学语言背后的含义。

$$\oiint_S E \cdot \mathrm{d}s = \frac{Q}{\varepsilon_0}$$

$$\oiint_S B \cdot \mathrm{d}s = 0$$

$$\oint_L E \cdot \mathrm{d}\ell = -\frac{\mathrm{d}\Phi_B}{\mathrm{d}t}$$

$$\oint_L B \cdot \mathrm{d}\ell = \mu_0 I + \mu_0 \varepsilon_0 \frac{\mathrm{d}\Phi_E}{\mathrm{d}t}$$

（1）电场的高斯定律。

第一个公式 $\oiint_S E \cdot \mathrm{d}s = \frac{Q}{\varepsilon_0}$ 是高斯定律在静电场[1]的表达式，其中，左边是曲面积分的运算曲面，E 是电场，$\mathrm{d}s$ 是闭合曲面上的微分面积，ε_0 是真空电容率（绝对介电常数），Q 是曲面所包含的总电荷。它表示穿过某一闭合曲面的电通量[2]与闭合曲面所包围的电荷量 Q 成正比，系数是 $\frac{1}{\varepsilon_0}$。

在静电场中，由于自然界中存在着独立的电荷，电场线有起点和终点，始于正电荷，终止于负电荷，如图 10-5 所示。只要闭合面内有净余电荷，穿过闭合面的电通量就不等于零。计算穿过某给定闭合曲面的电场线数量，即其电通量，可以得知包含在该闭合曲面内的总电荷。

1 静电场：观察者与电荷相对静止时所观察到的电场。它是电荷周围空间存在的一种特殊形态的物质，其基本特征是对置于其中的静止电荷有力的作用，库仑定律描述了这个力。

2 电通量：在电磁学中，电通量（符号：Φ_E）是电场的通量，与穿过一个曲面的电场线的数目成正比，是表征电场分布情况的物理量。

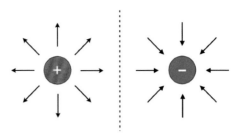

图 10-5　静电场电荷

1　有源场：在闭合曲面内，散度不为 0 的矢量场称为有源场。有电荷被闭合曲面包围的电场是有源场，电场线始于正电荷，终于负电荷，如静电场。

高斯定律反映了静电场是有源场[1]这一特性，即它描述了电场的性质。

（2）磁场的高斯定律。

第二个公式 $\oiint_S B \cdot ds = 0$ 是高斯磁定律的表达式。其中，S、ds 物理意义同上，B 是磁场，它表示磁场 B 在闭合曲面上的磁通量等于 0，磁场里没有像电荷一样的磁荷存在。

在磁场中，由于自然界中没有磁单极子存在，N 极和 S 极是不能分离的，磁感线都是无头无尾的闭合线，如图 10-6 所示，所以通过任何闭合面的磁通量必等于 0，即磁场是无源场。

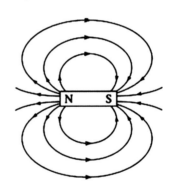

图 10-6　磁场与磁感线

这一定律和电场的高斯定律类似，它论述了磁单极子是不存在的，描述了磁场性质。

（3）法拉第定律。

第三个公式 $\oint_L E \cdot d\ell = -\dfrac{d\Phi_B}{dt}$ 是法拉第电磁感应定律的表达式。这个定律最初是一条基于观察得出的实验定律，通俗来说就是"磁生电"，它将电动势与通过电路的磁通量联系了起来，如图 10-7 所示。

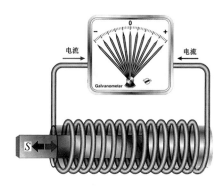

图 10-7　电磁感应

1　导数：函数的局部性质。一个函数在某一点的导数描述了这个函数在这一点附近的变化率。

2　环量：一个矢量沿一条封闭曲线积分，得到的结果叫环量。

3　感应电动势：闭合电路的一部分导体在磁场里做切割磁感线的运动时，导体中就会产生电流，产生的电流称为感应电流，产生的电动势（电压）称为感应电动势。

　　在此式中，L 是路径积分的运算路径，E 是电场，$d\ell$ 是闭合曲线上的微分，Φ_B 代表穿过闭合路径 L 所包围的曲面 S 的磁通量，$\dfrac{d\Phi_B}{dt}$ 表示磁通量对时间的导数[1]。

　　它表示电场在闭合曲线上的环量[2]等于磁场在该曲线包围的曲面上通量的变化率，即闭合线圈中的感应电动势[3]与通过该线圈内部的磁通量变化率成正比，系数是 -1。

　　这一定律反映了磁场是如何产生电场的，即它描述了变化的磁场激发电场的规律。按照这一规律，当磁场随时间而变化时可以感应激发出一个围绕磁场的电场。

　　（4）麦克斯韦 - 安培定律。

　　第四个公式 $\oint_L B \cdot d\ell = \mu_0 I + \mu_0 \varepsilon_0 \dfrac{d\Phi_E}{dt}$ 是麦克斯韦将安培环路定理推广后的全电流定律。

　　其中，等号左边 L、B、$d\ell$ 物理意义同上，分别是路径积分的运算路径、磁场、闭合曲线上的微分；等号右边 μ_0 是磁常数，I 是穿过闭合路径 L 所包围的曲面的总电流，ε_0 是绝对介电常数，Φ_E 是穿过闭合路径所包围的曲面的电通量，$\dfrac{d\Phi_E}{dt}$ 表示电通量对时间 t 的导数，即变化率。

　　这个公式表示磁场 B 在闭合曲线上的环量，等于该曲线包围的曲面 S 里的电流 I（系数是磁常数 μ_0）加上电场 E 在该曲线包围的曲面 S 上的通量的变化率（系数是 $\mu_0\varepsilon_0$）。

　　安培环路定理是一系列电磁定律，它总结了电流在电磁场中的运动规律，如图 10-8 所示。安培定律表明，电流可以激发磁场，但它只限用于稳恒磁场。

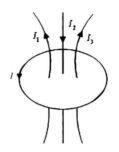

图 10-8　安培环路定理

因此，麦克斯韦将安培环路定理推广，提出一种位移电流假设，得出一般形式下的安培环路定律，揭示出磁场可以由传导电流激发，也可以由变化电场的位移电流激发。

传导电流和位移电流合在一起，称为全电流，这就是麦克斯韦－安培定律。

这一定律反映了电场是如何产生磁场的，即描述了变化的电场激发磁场的规律。这一规律和法拉第电磁感应定律相反：当电场随时间变化时，会诱导一个围绕电场的磁场。

一言以蔽之，这一组积分方程由四个公式组成，其中两个关于电场，两个关于磁场，一起反映了空间某区域的电磁场量和场源之间的关系。

从数学上来说，积分和微分互为逆运算。

因此，如果将这一组积分方程进行转化，就可以得出一组如下的微分方程，两者物理意义是等价的。在实际应用中，微分形式会出现得更频繁。

$$\nabla \cdot E = \frac{\rho}{\varepsilon_0}$$

$$\nabla \cdot B = 0$$

$$\nabla \times E = -\frac{\partial B}{\partial t}$$

$$\nabla \times B = \mu_0 J + \mu_0 \varepsilon_0 \frac{\partial E}{\partial t}$$

它们表明，电场和磁场彼此并不孤立，变化的磁场可以激发涡旋电场，变化的电场也可以激发涡旋磁场，它们永远密切地联系在一起，相互激发，组成一个统一的电磁场整体。

这就是麦克斯韦方程组的核心思想。

英国科学期刊《物理世界》曾让读者投票评选了"最伟大的公式"，榜上有名的10个公式里，有著名的$E=mc^2$、复杂的傅里叶变换、简洁的欧拉公式……最终，麦克斯韦方程组排名第一，成为"最伟大的公式"。

或许，并不是每个人都能看懂这个公式，但任何一个能把这几个公式看懂的人都一定会感到震撼，怎么有人能归纳出如此完美的方程组？这组公式融合了电的高斯定律、磁的高斯定律、法拉第定律及安培定律，完美地揭示了电场与磁场相互转化中产生的对称性，统一了整个电磁场。对此，有人评价说："一般地，宇宙间任何的电磁现象，皆可由此方程组解释。"

光电磁一统江湖

与后世获得如此盛誉相反的是，麦克斯韦方程组首次亮相时，几乎无人问津。

麦克斯韦预言了电磁波的存在，并从方程组中推测出光是一种电磁波。这些想法惊世骇俗，并不被当时大多数人接受。人们对于这个尚未得到实验验证的理论怀疑甚深，世界上只有少数科学家愿意接受这个理论并给予支持，赫兹就是其中一位。

他是第一个研究验证麦克斯韦观点的人，尽管他与麦克斯韦素未谋面，却对这位前辈的理论深信不疑，并自1886年起就孜孜不倦地投入寻找电磁波的研究之中。

赫兹的实验装置极为简单，主要是由他设计的电磁波发射器和探测器组成。有趣的是，这项实验拉开了无线电运用的序幕，成了后来无线电发射器和接收器的开端。如图10-9所示，两块锌板都连着一根端上装着铜球的铜棒，两个铜球离得很近。两根铜棒分别与高压感应圈的两个电极相连，这就是电磁波发生器。在离发生器10m远的地方放着电磁波探测器，那是一个弯成环状、两端装有铜球的铜棒，两个铜球间的距离可用螺旋调节。

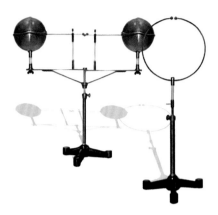

图 10-9　赫兹实验示意图

　　如果麦克斯韦是对的，那么合上电源开关时，发射器的两个铜球之间就会闪出耀眼的火花，产生一个振荡的电场，同时引发一个向外传播的电磁波，在空中飞越穿行，到达接收器，在那里感生电动势，从而在接收器的开口处也同样激发出电火花。

　　实验室里，赫兹把门窗遮得严严实实，不让一丝光线射进来。他再一次紧张地调着探测器的螺钉，让两个铜球越靠越近。突然，两个铜球的空隙也冒出微弱的电火花，一次、两次、三次，他没有看错，这就是电磁波！两年来，历经千百次探究，赫兹终于成功用实验证明了电磁波的存在。此后，再也没有人能够质疑麦克斯韦的理论。

　　比这个更值得欣喜的是，1888 年的初春，赫兹通过其他实验证明了光是一种电磁现象，可见光是电磁波的一种。

　　在麦克斯韦年代尚属完全未知的不可见光，经赫兹的研究呈现在人们的视野中。无处不在的电磁波在人类文明发展中发挥了巨大威力，成为现代科技的源泉。正如赫兹所感慨的："麦克斯韦方程组远比它的发现者还要聪明。"

　　以后人的角度来看，这组方程的最大贡献在于明确解释了电磁波怎样在空间传播。

　　根据法拉第感应定律，变化的磁场会生成电场；根据麦克斯韦 - 安培定律，变化的电场又生成磁场。正是这不停地循环使电磁波能够自我传播，如图 10-10 所示。

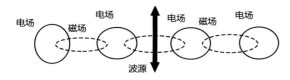

图 10-10　电磁波传播图

　　这种对物质世界的新描绘打破了当时固有的思维，引起一片哗然。

　　光的本性是什么？究竟是粒子还是波？有关这一问题，人类已喋喋不休地争论了几个世纪。第一次波粒大战发生在 17 世纪，牛顿以"光的色散实验"直捣胡克拥护的波动说，那时胡克已垂垂老矣，波动说被牛顿打入"冷宫"一百多年。

　　直到托马斯·杨的双缝干涉实验的出现，才吹响了第二次波粒战争的号角，波动说卧薪尝胆，终于找到了绝地反击的机会。尤其在麦克斯韦预言"光是一种波"及这一预言为赫兹的实验所证实后，波动说更是意气风发，把微粒说弄得灰头土脸。

　　当时，麦克斯韦提出，电可以变成磁，磁可以变成电，电和磁的这种相互转化和振荡不就是一种波吗？电磁场的振荡是周期存在的，这种振荡称为电磁波，一旦发出就会通过空间向外传播。更神奇的是，当他用方程计算电磁波的传播速度时，结果接近 300000km/s，恰与光的传播速度一致。这显然不只是一个巧合。

　　电磁波就是光，光就是电磁波！

　　借助麦克斯韦的发现和赫兹的验证，人类成功地在认识光的本性上跨越了一大步。波动说也开始开疆扩土，太阳光不过是电磁波的一种可见的辐射形态。我们向不可见光进军，从无线电波到微波，从红外线到紫外线，从 X 射线到 Y 射线……将这些电磁波按照波长或频率的顺序排列起来，就形成了电磁波谱。

　　这些电磁波谱有很大的用处，无线电波用于通信、微波用于微波炉、红外线用于遥控、紫外线用于医用消毒……这些不同形式的"光"逐渐组成了现代科技的基石之一。因此可以说，如果没有麦克斯韦，收音机、电视、雷达、计算机等有关电磁波的东西都将不复存在。

　　完成了科学史上第二次伟大统一之后，麦克斯韦于 1879 年溘然长逝。也就在这一年，一个婴儿诞生了，这个婴儿名为爱因斯坦。

　　52 年后，这个婴儿已长大成人，他于麦克斯韦百年诞辰的纪念

1 大统一理论：又称为万物之理。理论上，宇宙间所有现象都可以用万有引力、电磁力、强相互作用力及弱相互作用力这四种作用力来解释。进一步研究四种作用力之间的联系与统一，寻找能统一说明四种相互作用力的理论或模型称为大统一理论。

会上盛赞麦克斯韦对物理学做出了"自牛顿以来的一次最深刻、最富有成效的变革"。爱因斯坦一生都以麦克斯韦方程组为科学美的典范，试图以同样的方式统一引力场，将宏观与微观的两种力放在同一组公式中。

往后，这一信念深刻影响了整个物理界，在大统一理论（Grand Unified Theories，GUT）[1] 这条路上，物理学家们前赴后继地探究着科学。

结语
黑暗从此消失

如果说 17 世纪是一部牛顿力学史，那么 19 世纪便是一部麦克斯韦电磁学史。

17 世纪，牛顿定律催生出蒸汽机，机器首次取代人力，人类进入蒸汽时代。

19 世纪，麦克斯韦方程组启迪了爱迪生等发明家，电取代蒸汽，人类进入电气时代。

相比于自然律隐没在黑暗中，麦克斯韦方程组则突破了自然律，让黑暗从此消失。

1888 年，赫兹实验里那束微弱的只有指缝大小的电火花，让光与电、电与磁处于电磁力的统一掌握之中，人类文明呈几何级迅猛前进。

比赫兹料想得更为惊人的是，在他死后的第七年，1901 年，那束电火花又通过无线电报穿越大西洋，实现了全球的实时通信，人类跨入了一个崭新的信息时代。

11

质能方程：开启潘多拉的魔盒

$$E = mc^2$$

一粒尘埃，也蕴含着人类无法想象的巨大能量。

1945 年，一枚 0.6g 物质转化成能量的原子弹"小男孩"[1]摧毁了整座日本城市，核质量不过是一颗气枪子弹的质量。

"小男孩"裂变的那一刻，天地发出了令人眼花目眩的白色闪光，伴随着横扫一切的冲击波，火柱拔地而起，广岛市顷刻沦为一片火海。成千上万人瞬间因强烈的辐射光双目失明，冲击波形成的热浪又把所有的建筑物摧毁殆尽。处在爆炸中心的人和物完全被炭化，连绵几日的放射雨使一些人在未来 20 年里缓慢走向死亡……

据传，爱因斯坦听到这个消息时，如伊皮米修斯[2]一般悔恨不已，但一切都太迟了，巨大的蘑菇状烟云带着杀戮、恐惧、痛苦、灾难与死亡席卷了整个广岛。

17 万生命的血祭，人类第一次切身感受到了 $E=mc^2$ 的威力。

尽管第二次世界大战因为"小男孩"的爆炸敲响了落幕钟声，但所有人都知道，潘多拉魔盒[3]已然开启。爱因斯坦以天才慧眼看透了质能转换的秘密，打通了人类获取能量的光辉之路，但同时也打开了一个科技的潘多拉魔盒。

千百年来，质能各自守恒

远古时期，古人类通过钻木取火实现能量转化。

漫天大雪，燃烧的木块释放着热能，在一片银白之中散发着幽幽火光，驱逐野兽，带来温暖。火苗熄灭，仅剩几缕烟气与残留的灰烬，古人在洞里惬意安睡到天亮。

他们不知道的是，木头和氧气燃烧后，尽管算上燃烧后各种气体及灰烬的质量，还是比原先的木头轻了点。这部分消失的质量，悄悄地转化成了能量。

20 世纪以前，人们没有关注过这些消失的质量，在他们看来，质量与能量是两条毫不相关的平行线，一个是物质的本身属性，一个是物质的运动属性。

科学家们也一直把自然界的所有现象划分到这两个领域进行研究。一个是物体的物理实在——质量，一个是使物体具有运动能力的源泉——能量，质能规律互不交叉。

19 世纪的科学也一直在质量与能量这两根"擎天柱"的支撑下发展，而能量这根"擎天柱"，最早由法拉第发现。

法拉第是一个动手能力极强的装书匠，数学一般，但物理直觉一流，甚至被当时学界领袖，也就是他的老板戴维嫉妒。法拉第不仅能看到别人看不到的力线，还在融合电与磁的现象中发现了"普遍能量"：电池中的化学反应产生了导线中的电流，电与磁的相互作用产生了运动……在各种看似互不相关的现象背后，法拉第独具慧眼地意识到这可以用"能量"将其统一起来。

在法拉第之后，继承了父亲酒厂却无心家业的焦耳在研究热的本质实验中发现：用不同方法求热功当量[1]，其结果都是一样的，即热和功之间应该存在着某种转换关系。

这到后来就发展成了著名的能量守恒定律：能量既不会凭空产生，也不会凭空消失，只能从一个物体传递给另一个物体，而且能量形式也可以互相转换，能量总量保持不变。

质量这根"擎天柱"，则在化学界大放光彩，拉瓦锡为此做出了重要贡献。

拉瓦锡的正经职业其实是税务官，但一到晚上，他就会变成化学家，在欧洲最先进的私人实验室里进行研究。1774 年 10 月，在一个巴黎小圈子的晚宴上，普利斯特里向拉瓦锡描述了一个神奇现象，从氧化汞中可以提取一种"生命之气"，小白鼠在其中的存活时间比在等体积普通空气中长约 4 倍。

一听这话，拉瓦锡激动不已，为此他在实验室里待了二十多天，一直在进行汞灰的合成和分解，如图 11-1 所示。在实验结束时，钟罩里的空气体积确实大约减少了 $\frac{1}{5}$。后来，拉瓦锡把这 $\frac{1}{5}$ 的"生命之气"命名为"氧气"，他决定逆向地做一次普利斯特里的实验[2]，用氧气和光泽金属重新合成氧化汞。拉瓦锡惊奇地发现，前后物质的质量竟完全一样。这是科学史上的伟大时刻，质量守恒定律被彻底证

1 热功当量：热量以卡为单位时与功的单位之间的数量关系，相当于单位热量的功的数量。英国物理学家焦耳首先用实验确定了这种关系。

2 普利斯特里的实验：普利斯特里分别做了三个实验，将小白鼠放在太阳照射下的密闭空间，小白鼠很快死亡；将植物放在太阳照射下的密闭空间，植物正常存活；将小白鼠和植物一起放置在太阳照射下的密闭空间，小白鼠能存活一段时间。这三个实验揭示了空气中存在多种气体，不是单一的"燃素"。

11 质能方程：开启潘多拉的魔盒

明，即在化学反应前后，参加反应的各物质的质量总和等于反应后生成的各物质的质量总和，这也成了现代化学的一个基本定律。

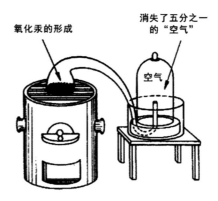

氧化汞的形成

消失了五分之一的"空气"

空气

图 11-1　拉瓦锡加热汞实验

一束光的秘密

能量和质量似两条互不干扰的平行线，沿着各自轨迹独立发展。根据能量守恒定律和质量守恒定律，人们也始终笃信：在一个封闭系统中的总质量和总能量各自存在，它们不会发生变化，两者之间也没有任何联系。

但大脑异于常人的爱因斯坦说：不，你们错了。

20 世纪前，科学界的经典物理学气势恢宏，能量守恒和质量守恒已成了不可撼动的两大铁律，但是新的量子风暴正在被"一束光"偷偷点燃。

那束"光"究竟是什么？

在爱因斯坦诞生之前，科学家已追寻了这个问题几百年，直到麦克斯韦成功预言，并被赫兹在实验中证实后，"光是一种波"才被大部分人认可。但无法忽视的是，仍然有人坚信光是粒子，历史在等爱因斯坦来证明这一点。

当时，几乎所有顶尖的科学家都参与了光的波粒之争，唯有爱因斯坦缄默不言，独自揣摩赫兹的光电实验，对物理界的两位"常客"能量和质量展开了背景调查。

首要调查对象是普朗克提出的"量子"概念。普朗克在黑体辐射实验中导出了能量不连续性的图像，如果能量是一份一份的，那么麦克斯韦理论首当其冲该受到质疑，普朗克将这种现象定义为"量子"化。年轻的爱因斯坦被量子思想魅惑，他认真总结了光电效应和电磁理论的不协调之处，离经叛道地假定"光是一个由能量量子（光子）组成的不连续介质"。

他认为，每个光子都带有特定量的能量，这一能量与光的频率成正比：$E=h\nu$。其中，E 是一个量子的能量，h 是普朗克常数[1]（6.626×10^{-34}J·s），ν 是辐射频率。这一公式，不亚于任何一位诺贝尔物理学奖得主一生的成就，可对于爱因斯坦来说，这只是他迈出的一小步。光速本身更令爱因斯坦着迷，这种着迷最早可以追溯到他的学生时代，在阿劳中学补习时，他就曾思考：如果一个人以光速运动，他将看到一个怎样的世界？

既然光是电磁场的波动，那一个人以光速运动时，岂不是会看到一个不随世界变化的波长？那会是一个停滞的、不动的电磁场吗？这似乎并不可能，即使他的速度达到了 30×10^{4}km/s，他也不可能追上光，光相对于他似乎不会静止，如图 11-2 所示。

c=299792458m/s

v=299792458m/s

图 11-2　光速运动示意图

爱因斯坦一直想不通，在牛顿经典世界里，按照速度叠加法，不同惯性参照系（Inertial Frame of Reference）[2] 的光速不同，如 A、B 两个运动状态的物体，速度分别是 V_A、V_B，牛顿认为它们的合速度是 $V_合=V_A+V_B$，可在麦克斯韦方程中光速是一个常数恒量 c，这似乎与"追光者"故事矛盾。

所以，光速究竟是不变的，还是可变的量？

纠结了近半个月后，爱因斯坦认为"光速的绝对性"是一条应该

1　普朗克常数：记为 h，是一个物理常数，用以描述量子大小，其在量子力学中占有重要地位，由马克斯·普朗克在 1900 年研究物体热辐射的规律时发现。

2　惯性系：牛顿运动定律在其中有效的参考系，又称惯性坐标系，简称惯性系。对一切运动的描述，都是相对于某个参考系的。参考系选取的不同，对运动的描述，或者说运动方程的形式，也随之不同。

11　质能方程：开启潘多拉的魔盒

坚持的基本原理，对此，他称其为光速不变原理。

这是他研究光的一大步，真正的常数是光速，而不是时间和空间。是的，这个想法完全颠覆了牛顿的绝对时空观[1]，在经典力学里，世界是绝对运动的，时间与空间是绝对的。但爱因斯坦犀利地指出，我们无法发现光速不变这条原理，那是因为空间和时间都是相对的，它们取决于参照系。

在这一刻，20世纪的物理大厦被撕开了一条革命的裂缝，一束光照射了进来，相对性原理和光速不变原理使狭义相对论渐渐从经典力学中脱离出来。

但爱因斯坦还没有停止对光的思考。

这位窥见了"光量子与能量"之秘的追光青年，继续狡黠地晃动了下脑袋，瞪大眼睛吐了吐舌头，接着用那束光为质量与能量画上了完美的"等号"。

1　绝对时空观：由牛顿提出，认为时间和空间是两个独立的概念，彼此之间没有联系，分别具有绝对性。

大道至简的 $E=mc^2$

1905年，在光量子与狭义相对论的基础上，爱因斯坦写下了著名的 $E=mc^2$，光速的平方紧紧地将能量与质量联系了起来，能量和质量开始合为一个整体——质能。

式中，E 为能量（J）；m 为质量（kg）；c 为真空中的光速（m/s），$c=299792458\text{m/s}$。该式整体表述为：能量等于质量乘以光速的平方。

一眼看去，$E=mc^2$ 简洁又朴实，但就像大智者往往若愚，它打破了我们对狭义相对论的两个假设。

（1）任一光源所发之球状光在一切惯性参照系中的速度都各向同性恒为 c。

（2）所有惯性参考系内的物理定律都是相同的。

上文中提到的 A、B 两个物体的合速度，在牛顿经典力学体系中表示为 $V_合=V_A+V_B$，这也是物理学中著名的伽利略变换[2]。伽利略变换是整个经典力学的支柱，该理论认为空间是独立的，与在其中运动

2　伽利略变换：经典力学中用以在两个只以均速相对移动的参考系之间变换的方法，属于一种被动态变换。伽利略变换明显成立的公式在物体以接近光速运动时，或者是电磁过程中不会成立，这是由相对论效应造成的。

的各种物体无关；而时间是均匀流逝的、线性的，在任何观察者眼里都是相同的。

例如，当时间 $t_1=t_2=0$ 时，O_1 和 O_2 坐标系的原点是重合的。计时开始后，O_2 坐标系（运动参考系，简称动系）相对 O_1 坐标系（基本参考系，简称静系）沿 O_1X_1 轴做匀速直线运动（速度为 v）。同一个事件 S 在两个坐标系 O_1 和 O_2 中的坐标分别为 (x_1, y_1, z_1, t_1) 和 (x_2, y_2, z_2, t_2)，如图 11-3 所示。

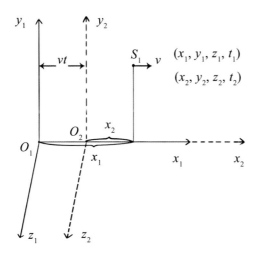

图 11-3　伽利略坐标变换

其中 S 在两个参照系中的坐标关系如图 11-4 所示。

$$伽利略变换 \begin{cases} x_2 = x_1 - vt_1 \\ y_2 = y_1 \\ z_2 = z_1 \\ t_2 = t_1 \end{cases}$$

在伽利略变换中，参照系 O_2 相对 O_1 以速度 v 匀速前进。

S 在两个参照系中的坐标是 $x_2 = x_1 - vt_1$，其中 y、z 均相同。

时间 t 也相同，这表明伽利略变换下的时空是绝对的。

图 11-4　伽利略变换方程组

在定义中，伽利略变换的时间相同，S 在参照系 O_1 和 O_2 的时间是一致的，而这恰恰与狭义相对论的时空相对性假设相矛盾。事实上，在爱因斯坦提出狭义相对论之前，人们就观察到许多与常识不符的现象。

（1）迈克耳孙 – 莫雷实验[1]没有观测到地球相对于以太[2]的运动。

（2）运动物体的电磁感应现象表现出相对性 —— 是磁体运动还是导体运动其效果一样。

（3）电子的惯性质量随电子运动速度的增加而变大。

此外，电磁规律（麦克斯韦方程组）在伽利略变换下也不是不变的，即牛顿力学中的伽利略相对性原理并不满足电磁定律，这一现象使经典物理大厦摇摇欲坠。见大厦将倾，物理学家洛伦兹提出了洛伦兹变换[3]。然而他还是无法解释这种现象发生的原因，只是根据当时的观察事实写出了洛伦兹变换，而后由爱因斯坦的狭义相对论发展了洛伦兹变换。在洛伦兹变换中，上述的同一个事件 S 在参照系 O_1 和 O_2 中的关系如图 11-5 所示。

$$洛伦兹变换\begin{cases} x_2 = \dfrac{x_1 - vt}{\sqrt{1 - \dfrac{v^2}{c^2}}} \\ y_2 = y_1 \\ z_2 = z_1 \\ t_2 = \dfrac{t_1 - \dfrac{v}{c^2}}{\sqrt{1 - \dfrac{v^2}{c^2}}} \end{cases}$$

相比于伽利略变换，在洛伦兹变换中，根据光速不变原理，相对于任何惯性参考系，光速都具有相同的数值，时间则是相对的 $t_2 = \dfrac{t_1 - \dfrac{v}{c^2}}{\sqrt{1 - \dfrac{v^2}{c^2}}}$。

图 11-5　洛伦兹变换方程组

由此，爱因斯坦以光为参照系，得出时空是相对的，从数学上佐证他提出的钟慢尺缩[4]现象。

另外，也正因为牛顿力学的绝对时空观并不适用于接近光速和

1　迈克耳孙 – 莫雷实验：1887 年，阿尔伯特·迈克耳孙与爱德华·莫雷在美国的克利夫兰进行的实验，这是一个为了观测以太是否存在而做的实验，该实验最终并未观测到地球相对于以太的运动。

2　以太：古希腊哲学家亚里士多德所设想的一种物质，亚里士多德认为物质元素除了水、火、气、土之外，还有一种居于天空上层的以太。这是物理学史上一种假想的物质观念，其内涵随物理学发展而演变。后来，以太又在很大程度上作为光波的荷载物，同光的波动学说相联系，牛顿认为以太是引力作用的可能原因。19 世纪，以太又被物理学家们认为是电磁波传播的介质，经过更深入的研究，以太被舍弃。

3　洛伦兹变换：最初在 19 世纪被物理学家洛伦兹用来解决经典力学中的矛盾，后来成为狭义相对论中两个做相对匀速运动的惯性参考系（S 和 S'）之间的坐标变换，是观测者在不同惯性参考系之间对物理量进行测量时所进行的转换关系，在数学上表现为一套方程组。

4　钟慢尺缩：又称时慢尺缩，由爱因斯坦的狭义相对论特别提出的论断。当一个物体运动速度接近光速时，物体周围的时间会迅速减慢，空间会迅速缩小。当物体运动速度等于光速时，时间就会停止，空间就会微缩为点，即出现零时空。只有零静止质量的物体能达到光速，没有物体可以超越光速。

达到光速的情况，所以基于洛伦兹变换，从狭义相对论中的动能定理[1]开始推导，动能定理是满足任何情况的。动能定理的公式为：

$$E_k = \frac{1}{2}mv^2 = \int_0^x F\mathrm{d}x$$

这里我们将合外力 F 写为动量 P 对时间 t 的导数，即

$$F = \frac{\mathrm{d}P}{\mathrm{d}t}$$

位移写为速度的形式，即

$$\mathrm{d}x = v\mathrm{d}t$$

将上面两个公式代入动能的表达式，得：

$$E_k = \int_0^x F\mathrm{d}x$$

$$E_k = \int_0^P \frac{\mathrm{d}P}{\mathrm{d}t}v\mathrm{d}t$$

$$E_k = \int_0^P v\mathrm{d}P$$

这里速度和动量都是变量，由分部积分法得：

$$E_k = \int_0^P v\mathrm{d}p = vP - \int_0^v P\mathrm{d}v$$

由狭义相对论知识，物体运动的质量 m 和其静止的质量 m_0 之间的关系为：

$$m = \frac{m_0}{\sqrt{1-\dfrac{v^2}{c^2}}}$$

结合动量 P 的定义为：

$$P = mv = \frac{m_0 v}{\sqrt{1-\dfrac{v^2}{c^2}}}$$

将 P 代入动能的表达式，得：

$$E_k = vP - \int_0^v P\mathrm{d}v = \frac{m_0 v^2}{\sqrt{1-\dfrac{v^2}{c^2}}} - \int_0^v \frac{m_0 v}{\sqrt{1-\dfrac{v^2}{c^2}}}\,\mathrm{d}v$$

1 动能定理：物体运动的始末状态，通过运动过程中做功时能的转化求出始末状态的改变量。但是总的能是遵循能量守恒定律的，能的转化包括动能、势能、热能、光能等能的变化。

$$= \frac{m_0 v^2 c}{\sqrt{c^2 - v^2}} - m_0 c \int_0^v \frac{v}{\sqrt{c^2 - v^2}} dv$$

上述表达式里定积分的函数原型为：

$$\int \frac{x}{\sqrt{a^2 - x^2}} dx = -\sqrt{a^2 - x^2}$$

代入求解定积分原型，得：

$$E_k = \frac{m_0 v^2 c}{\sqrt{c^2 - v^2}} - m_0 c \int_0^v \frac{v}{\sqrt{c^2 - v^2}}$$

$$= \frac{m_0 v^2 c}{\sqrt{c^2 - v^2}} + m_0 c \sqrt{c^2 - v^2} \Big|_0^v$$

$$= \frac{m_0 v^2 c}{\sqrt{c^2 - v^2}} + m_0 c (\sqrt{c^2 - v^2} - c)$$

$$= m_0 c (\frac{v^2}{\sqrt{c^2 - v^2}} + \sqrt{c^2 - v^2}) - m_0 c^2$$

而上述表达式的第一项就完整包含了狭义相对论中物体运动中的质量表达式，则上述方程写为：

$$E_k = c^2 \frac{m_0}{\sqrt{1 - \frac{v^2}{c^2}}} - m_0 c^2 = mc^2 - m_0 c^2$$

从这我们得到了在狭义相对论的世界观中，动能 E_k 的数学表达式，其中 m_0 有两种情况的变化：一为增大，即随运动速度增大而增大的质量；另一为质量减少或亏损，质量亏损主要是由反应前后体系能量变化而导致的。例如，在二战时投到日本的原子弹"小男孩"，就是利用了核反应前后质量之差所产生的巨大能量。

另外，在狭义相对论世界观里，一切物理属性具有相对论效应，所以物体静止时也具有能量，我们称之为静能，其表达式 E_0 为：

$$E_0 = m_0 c^2$$

我们设 E 表示物体在运动总过程里所具有的总能量，则 E 的表达式为其静能和动能之和，即

$$E = E_k + E_0 = mc^2 - m_0 c^2 + m_0 c^2 = mc^2$$

至此，爱因斯坦大手一挥，大道化简地统一了物质和运动，用一个 $E=mc^2$ 把在经典力学中彼此独立的质量守恒和能量守恒定律结合了起来，成了统一的质能守恒定律。质量就是能量，能量就是质量；时间就是空间，空间就是时间。

改变世界的公式

$E=mc^2$ 看似简洁，却能够描写一个小到原子，大到整个宇宙的世界。

它喻示着，质量其实是一种超浓缩的能量。而超浓缩，正是质能方程最神奇的地方。对于人类而言，光速的平方（c^2）是一个巨大的天文数字，光速为 $30×10^4$km/s，平方后得到的是 900 亿。如果将 1g 的质量全部转化为能量，足以与 1000t TNT 炸药[1] 爆破的能量匹敌；如果全部转变成电能，则足够维持一个 100W 的灯泡持续不断地亮上 35000 年。

即使是物质粒子，也可能迸发出惊人的能量。当一个不稳定的大原子核（主要指铀核或钚核）分裂成两个小原子核时，两个小原子核的质量加在一起总是小于原来的大原子核，而亏损的质量就转化为了巨大的能量。这些能量足以摧毁一座城市，如此一来，也就有了广岛那枚噩梦般的原子弹，如图 11-6 所示。

1　TNT 炸药：一种烈性炸药，由 J·威尔勃兰德发明，纯品为无色针状结晶，工业品呈黄色粉末或鱼鳞片状，难溶于水，可用于水下爆破。由于威力大，TNT 炸药常用来做起爆药。TNT 炸药爆炸后呈负氧平衡，产生有毒气体。

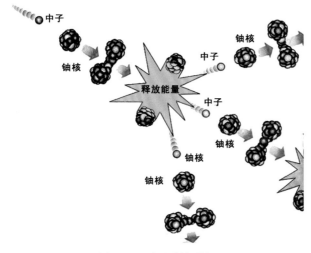

图 11-6　原子弹核裂变

第二次世界大战期间，因为担心德国先行研究出原子弹，爱因斯坦写信建议美国总统罗斯福尽快研发原子弹。但在爱因斯坦的心中，他认为人类至少需要 100 年才能找到方法释放这些能量。可仅仅到了 1945 年，美国就将两颗原子弹投到了日本的广岛和长崎。爱因斯坦能轻易地计算出物质能量，但他没有办法计算出人性能量。

魔盒的打开让无数生命坠入了灾难深渊，回忆起那场惊变，晚年的爱因斯坦痛心疾首地称那封信是他生命中"一次巨大错误"。

当然，$E=mc^2$ 这个公式也可能是人类面临地球能源枯竭时的救命稻草。除了原子弹，核电站是核裂变常见的另一个应用。核电站利用原子核裂变反应释放出能量，经能量转化而发电。如图 11-7 所示的压水堆核电站，它与浓烟滚滚的火力发电类似，核燃料在反应堆中进行链式裂变反应，原子能转换为热能，热能将水加热为蒸汽，用蒸汽推动汽轮机，带动发电机发电。根据能量转换观点分析，基本过程是核能→内能→机械能→电能。

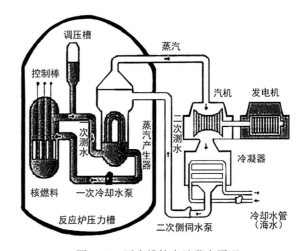

图 11-7　压水堆核电站发电原理

与火力发电相比，核反应所放出的热量较燃烧化石燃料所放出的能量要高很多（约百万倍），而所需要的燃料体积与火力电厂相比少很多，这与 $E=mc^2$ 的超浓缩概念恰恰吻合。

达尔文在《物种起源》中提出"物竞天择"理论，然而在宇宙演化和物种大灭绝中，越原始、越低级的生物，生存能力虽弱，生存状态却越稳定；越先进、越高级的物种，生存能力虽强，灭绝速度却越快。

恐龙作为中生代最高级的物种，它在地球上只存在了一亿六千万年，骤然灭绝；而最早最原始的单细胞生物，却一直活到今天。

高级物种时刻面临着生存危机，能力越强，存在状态越恶劣。

纵观人类进化史，这一现象同样显著。千百年来，人类最富智慧的大脑一直努力提升我们的生存能力，从驯养马力到发现引力，从掌握电力到利用核能。直到今天，环境污染、生态破坏、气候异常等现象全面爆发，我们面临的是越来越紧张的生死存亡的困境。

我们试图用科技来拯救自己，然而每一次的进步都可能在下一秒就给自己带来更大的危机，这是一个无解的悖论。

在光的追问中，爱因斯坦用一个魔法般的公式将宇宙间的能量、物质联系了起来，为人类寻找到了一种"终极能量"。但犹如神话里盗取了火种一般，人类在掌握核裂变的巨大能量的同时也打开了潘多拉魔盒。联合国曾统计过，全世界的核武器相当于全球几十亿人屁股下埋了 2.5t TNT 炸药。

人类为什么要这么做？这是一个比推导出 $E=mc^2$ 公式还要难的命题。

11

质能方程：开启潘多拉的魔盒

12

薛定谔方程：猫与量子世界

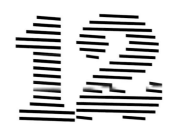

$$i\hbar\frac{\partial\psi}{\partial t} = -\frac{\hbar^2}{2\mu}\nabla^2\psi + U(\vec{r})\psi$$

猫，徘徊于宏观与微观世界之间。

日本作家夏目漱石有一本书叫《我是猫》。

书中，这只猫说："我不了解是什么力量在推动地球的旋转，但我知道推动整个社会运转的力量是金钱。"猫的清高孤傲，睥睨寰宇的神态被描绘得淋漓尽致。

猫眼看世界，完全是一种上帝视角。

这种令人"敬畏"的气质，使猫更加让人不可捉摸，你永远不知道它半夜去了哪里，当你偶尔在黑夜里捕捉到它的行踪时，它只会回头对你冷眼一瞥，让你不寒而栗。

猫身上隐藏着很多秘密，如果这个世界真的还存在某个平行世界，那它很可能是猫的地盘。

这一切，要从量子力学说起。

量子力学：无垠的荒漠

量子力学创建之初，这里是一片无垠的荒漠，别说经验和方法论，就连人影也没有几个。

在这个崭新的世界，物理学家习惯使用传统经典力学的方法解释微观粒子，如玻尔提出的"原子模型"，假设电子在几个固定轨道上运动，这就是一种典型的"宏观思维"。尽管玻尔在其中加入了量子概念（电子跃迁），但始终无法逃脱出经典力学的阴影，所以物理学家们称玻尔的原子模型是"半量子、半经典"的。这种局限导致微观粒子的奇特行为无法得到合理解释，此时的量子力学急需一套全新的理论去解释微观世界。

作为玻尔的入室弟子海森堡，看到老师面临各种窘境，自告奋勇地创建了算法极其抽象的矩阵力学来解释微观粒子现象。但海森堡矩阵力学的基础是不连续的粒子性，而且算法极其复杂，全世界也只有量子力学的"二当家"玻恩等人能够看得明白，所以矩阵力学在当时引起的反响并不大。

后来，让全世界接受微观粒子基础理论的是薛定谔方程，由奥地利物理学家薛定谔提出。薛定谔是一位极有灵气的科学家。当他听说德布罗意在1924年提出了"物质波"，即所有物质都有波动性后，薛定谔一跃而起，开始展示自己的整合能力。据薛定谔解释，他对量子力学的激情来自圣诞节假期中与情人的幽会。在短短不到五个月的时间里，薛定谔一连发表了六篇论文，建立起波动力学的完整框架，系统地回答了当时已知的实验现象。

薛定谔推断，如果德布罗意的看法是正确的，那么势必存在一个波动的数学方程，能够描述电子等亚原子粒子的运动，就像描述海上波浪的运动方程一样。他认为海森堡的矩阵力学太过矫情，故弄玄虚让大家都看不懂。他认为光是粒还是波根本没那么复杂，量子性不过是微观体系波动性的反映，只要把电子看成德布罗意波，用一个波动方程表示即可。为了构建波动方程，薛定谔利用了经典力学中物体能量与动量的关系，并代入德布罗意的粒子动量与波长、普朗克常数（$\hbar$ =6.62607015×10^{-34} J·s) 关系的数学法则，试图为这片荒漠新世界找出一个新的普适理论。

发现一只不生不死的猫

1926年，薛定谔天才般的构想初显雏形，他融合爱因斯坦和德布罗意的理论为一体，创立了波函数[1]理论，把波动力学[2]浓缩为薛定谔方程。就这样，名震20世纪物理界的薛定谔方程正式问世：

$$ih\frac{\partial \psi}{\partial t} = -\frac{h^2}{2\mu}\nabla^2\psi + U(\vec{r})\psi$$

式中，∇为拉普拉斯算符，代表了某种微分运算；$\hbar$为普朗克常数；μ为粒子的质量；ψ为粒子的波动状态；t为粒子状态随时间变化；U为粒子所在力场的势函数[3]；$\vec{r}$为粒子的位置向量。

这是一个描述粒子在三维势场中的定态薛定谔方程。所谓势场，就是粒子在其中会有势能的场，如电场就是一个带电粒子的势场；所谓定态，就是假设波函数不随时间变化。薛定谔方程有一个很好的

3　势函数：其值为物理上向量势或是标量势的数学函数，又称调和函数，是数学上位势论的研究主题。

12
薛定谔方程：猫与量子世界

性质，就是时间和空间部分保持相互独立，求出定态波函数的空间部分后再乘上时间部分即为完整的波函数。

同时，薛定谔还将这个新方程应用到了氢原子上。氢原子由一个质子和一个电子组成，质子带一个正电荷，电子在质子的电场中绕质子运动。他的方程准确预测出了当时已被实验观测到的电子能级的量子化状态。

也正是因为这个方程，他和狄拉克同获 1933 年诺贝尔物理学奖。

然而，让薛定谔意想不到的是，他创建的理论成为哥本哈根学派[1]的武器，而这柄致命武器，指向的是他最崇拜的爱因斯坦。这可不是他想要的结果，他人生最大的不满意，就是歪打正着成了量子力学的奠基人之一。

作为一个物理学家，对量子理论有深入研究的薛定谔，对自己一手创立起来的薛定谔方程中的波函数实际并不如想象中那么了解。他自信满满地认为波函数代表了电子的实际分布位置，可玻恩却告诉他错了，并给出了一个让他恼羞成怒却又无法反驳的概率解释：骰子，代表了电子在某个地点出现的概率，并不是实际位置。电子的分布是一种随机分布。也就是说，我们可以预测电子在某一处出现的概率，但是一个电子究竟出现在哪里，我们是无法确定的。

眼睁睁看着自己的方程成为别人的武器，薛定谔八年来茶饭不思，这样的日子实在难熬，于是，薛定谔做了一个思想实验来论证量子力学的荒谬，以此弥补自己当年犯下的错误。这就是著名的 1935 年"薛定谔的猫"实验的由来。

简单地说，将一只猫关在一个密闭的盒子里，盒子里有一些放射性物质。一旦放射性物质衰变，就会有一个装置使锤子砸碎毒药瓶，将猫毒死；反之，衰变未发生，猫便能活下来，如图 12-1 所示。

图 12-1　薛定谔的猫思想实验图

几乎所有人都认为薛定谔的猫必死无疑，事情却没这么简单，这只猫开始嘲弄代表人类最高智慧的科学家们。它被赋予了量子世界的特异功能——量子叠加。在这只猫身上，宏观世界的因果律已坍塌，只剩下一连串的概率波。这只猫既死又活，生死叠加。

从猫的身上通往微观世界

薛定谔的猫不仅仅是一个科学思想实验，对于科学家而言，这个思想实验还让他们第一次切身感受到微观世界的神迹，感受到另外一个完全不一样的世界。

这只猫非常明确地告诉我们：微观世界的运行规则与宏观世界不一样，而猫正是连通这两个世界的灵物。

如果说人类在主宰着宏观世界，那么猫则在守护着微观世界的入口。

举个例子，从薛定谔的猫延伸到量子计算，两者利用的都是量子叠加的概念。量子计算之前，经典计算基础的构建要素——bit（比特）存在于两种不同状态中：0 或 1。这就是传统计算机里最底层的世界，虽然简单，但它能创造出一个偌大的互联网世界。然而它也有一个缺点，即在同一时间只能处理一个 bit，计算能力受到限制。而在量子计算中，规则改变了，一个量子比特（qubit）不仅仅存在于传统的 0 和 1 状态中，还可以是一种两者连续或重叠状态。因为量子具有不确定性，量子比特被描述成 $\alpha 0|0\rangle + \alpha 1|1\rangle$，其中 $|\alpha 0|^2 + |\alpha 1|^2 = 1$。也就是说，普通计算机 n bit 可以描述 2^n 个整数之一，但 n 个量子比特可以同时描述 2^n 个复数（一个 2^n 维的复数向量），这也是量子计算让人类既爱慕又恐惧的原因！

迄今为止，没有人在宏观世界见过薛定谔养的那只行走于生死边界的猫，但在微观实验室的科学家却异口同声地证实他们见过猫之幽灵。是的，你看不到它的样子，却能在实验中证实它的存在。

在那个神秘莫测的微观世界里，那个号称高维世界的投影，人类的唯一领路人就是这只猫。它，早已脱离了主人的束缚，站在了神坛之上。

微观定域
这是属于猫的高维世界

猫并不想让人类窥视更深邃的微观世界，而在科学家眼中，微观世界极可能是通往更高维度的大门。但就连薛定谔也想不到，有一天这只猫不仅脱离了他的掌控，还与哥本哈根学派联盟，站到了他和爱因斯坦的对立面，试图阻挡大统一理论的到来，中断人类通向高维世界的道路。

我们再回到实验的起点，薛定谔挖苦说："按照量子理论解释，我家这只猫处于'死－活叠加态'——既死了又活着！要等到打开箱子看猫一眼才决定其生死，岂不荒谬！"

面对这样一个悖论，以玻尔为首的哥本哈根学派感觉非常棘手，该如何处理这只既生又死的猫呢？

结果，猫站出来为哥本哈根学派发声：在你对一只猫观测的时候，组成这只猫的粒子的波函数发生了坍缩，所有的粒子就如你看到的那样出现。这个时候停止观测，那么这些粒子的波函数又会遵循薛定谔方程开始弥散开来。

更学术化的理解是，如果有波函数 ψ 是方程的解，Φ 也是方程的解，那么经过归一化之后，$\psi+\Phi$ 也可以是方程的解。但是你也要知道，$3.1415926\Phi+10086\psi$ 也可以是方程的解，$\Phi-1024\psi$ 也是方程的解。经过测量，系统就不再处于"叠加态"，而是会落到某一种，如 ψ、Φ 的"本征态"。本来有无限可能，而现在只有一种可能，这就是坍缩。

尽管哥本哈根学派的解释破绽百出，极其别扭，但从实验层面来说，也不需要知道这只猫做了什么"手脚"，反正实验结果就是对的，物理学家们出于实用主义的考虑，接受了哥本哈根学派的解释。

猫最终站在了薛定谔的反面，所以有人说"薛定谔不懂薛定谔的猫"。

穿越多重世界的只有猫

不生不死的猫已经够厉害了，通往微观世界的灵兽也很生猛，但穿越多重世界的猫才是真正接近"上帝"般的存在。

上文已经谈到，为了解释"猫的生死论"，哥本哈根学派用波函数坍缩[1]理论强行将微观世界和宏观世界分裂开来，这并不符合科学之美，很多科学家无法接受。

1954 年，天生叛逆的埃弗雷特[2]愤怒了：为什么要给薛定谔这样完美的方程附加假设条件来解释现实世界，而不是用理论本身的数学原理来解释方程在真实世界中的意义，数学原理难道不比现实世界更真实？

埃弗雷特提出了一个大胆的想法，引入了一个普适波函数，将人和猫联系起来，共同构成一个量子体系。波函数坍缩产生的不连续性不再必不可少。他假设所有孤立系统的演化都遵循薛定谔方程，波函数不会坍缩，而量子的测量只能得到一种结果，即整个世界都处于叠加态。这个理论看起来非常完美，宏观和微观达到了一致，平行世界诞生了。

也就是说，微观薛定谔的猫带来的不是坍缩的波函数，而是一个分裂宇宙，宇宙就像一个变形虫，当虫子通过双缝时，这个虫子自我裂变，繁殖成为两个几乎一模一样的变形虫。唯一的不同是，一只虫子记得电子从左而过，另一只虫子记得电子从右而过。这样一来，猫不仅既能生又能死，还能穿越于多个平行世界。

然而，埃弗雷特的多宇宙解释在当时并不被人接受，20 世纪 80 年代兴起的退相干历史[3]理论试图更好地解决微观世界与宏观世界之间的鸿沟。

一旦环境的退相干性[4]弄乱了波函数，量子概率的奇异性就会变成日常生活中所熟悉的概率。因此，早在我们打开盒子之前，环境就已经完成了无数次观测，并将所有神秘的量子概率转化为毫无神秘可言的经典对应。也就是说，在我们看到猫之前，环境已经迫使猫处于一种唯一的确定的状态。

[1] 波函数坍缩：微观领域的现象。微观领域的物质具有波粒二象性，表现在空间分布和动量都是以一定概率存在的，如"电子云"，我们称之为波函数。当我们用物理方式对其进行测量时，物质随机选择一个单一结果表现出来。如果我们把波函数（如电子云）比作骰子，那么波函数坍缩就是骰子落地（如打在屏幕上显示为一个点的电子）。

[2] 埃弗雷特：美国物理学家，首先提出多世界诠释的量子物理学。

[3] 退相干历史：1984 年，由穆雷·盖尔曼、詹姆斯·哈特与罗伯特·格里菲斯提出，是用来解释量子力学中波函数坍塌的理论。

[4] 退相干性：一种普遍存在的现象。通过压低量子干涉，即强烈地削弱量子概率和经典概率之间的核心差异，退相干架起了小小世界的量子物理和没那么小的世界的经典物理之间的桥梁。

12 薛定谔方程：猫与量子世界

虽然现在科学家们普遍认为环境诱发的退相干性是跨越量子物理和经典物理分界的桥梁，但科学家们觉得这座桥梁还远没有建好，薛定谔的猫的行踪轨迹依旧神秘。

结语
量子理论，这是一种世界观

猫的时间，就像时刻表上没有记载的幽灵车；猫的空间，则藏于黑暗最深处。如果你正好养了一只猫，请注意它那睥睨万物的眼神。

这并不是玄之又玄的神学故事，而是量子世界的全新理论，也是你看待世界的方式。我们谈的也不是一个哲学问题，而是一个科学问题，这所有的一切，都有数学公式在背后支撑。其中薛定谔的波函数方程，又是得到科学家认可的科学理论。

科学世界里的这只猫，行走于生死之间，穿越于平行世界，以至于新生代的物理学家都被笼罩在这只猫的阴影之下。

13

狄拉克方程：反物质的"先知"

$$\frac{1}{i}\gamma^\mu \partial_\mu \psi + m\psi = 0$$

应优先寻找美丽的方程，而不要去烦恼其物理意义。

是否有这样一种可能，世上存在着一个由反物质构成的你，那个"反你"看上去和你的外观及行为都一模一样。

在浩瀚宇宙的某个地方，或许存在着一个和地球左右颠倒的"孪生兄弟"。也许还有反物质构成的"反银河系"和"反太阳系"，甚至是居住着"反人类"的"反地球"。

1933 年 12 月，谦逊而腼腆的狄拉克站在诺贝尔领奖台上称，的确存在这样一个神秘的反物质世界。

理工男的标本
纯洁的灵魂上演孤独的财富

狄拉克，理工男的标本级人物。他沉默寡言，淡泊名利，整天足不出户，对着书本和公式静思默想，以致不善言谈，被认为情商颇低，常常闹出人际冷笑话。

一次，他在某大学演讲，讲完后有观众问："狄拉克教授，我不明白你的那个公式是如何推导出来的。"结果，狄拉克看着那位观众，很久都没说话。主持人不得不提醒狄拉克，他还没有回答问题。

"回答什么问题？"狄拉克奇怪地问，"他刚刚说的是一个陈述句，不是一个疑问句。"

这种神奇的脑回路，恐怕也只有狄拉克拥有。但这恰恰也从另一个角度证明了这位不谙世事的天才确如玻尔评价的那样，是"所有物理学家中最纯洁的灵魂"。他的一生，终日安静埋头书屋，没有什么多余兴趣，常心无旁骛地单打独斗，致力于完成自己的历史使命——成为量子力学理论体系的完备者。

1930 年，狄拉克出版现代物理经典巨著《量子力学原理》。这本书出版后，由于它系统并前瞻性地勾勒出了量子世界的轮廓，使备受争议的量子力学取得了发展。

当然，量子力学理论体系不是一天建成的，回到 20 世纪初，正是量子力学旭日东升的岁月。当时，狄拉克正值青春年华，大学毕业后转入剑桥继续深造。可惜英国并不具备发展量子理论的良好沃土，懂得量子力学的人屈指可数。虽然狄拉克身在伦敦孤军奋战，但他还是迅速地给剑桥争了口气，用时不到三年，他便跻身于最前沿的量子学派行列，与被后世誉为"量子力学黄金三角"的玻尔、海森堡和泡利并肩作战。

狄拉克与量子力学结缘，得益于 1925 年他与海森堡通过一篇论文结识。在这篇论文里，海森堡创建了一个全新理论来解释经典力学为什么无法解决原子光谱[1]问题。他从直接观测到的原子谱线出发，引入矩阵工具，用这种奇异方块去构量子力学的大厦。

但是海森堡的数学不够好，他始终无法理解自己的矩阵为何会不满足小学的乘法交换律，使动量 p 和位置 q 出现这样的属性：$p \times q \neq q \times p$，即如果改变了 p 和 q 的相乘顺序，就会得到不同的结果。

具体举个例子，假设：

$$p = \begin{bmatrix} 1 & 1 & 1 \\ 1 & 1 & 1 \end{bmatrix}, \quad q = \begin{bmatrix} 1 & 1 \\ 1 & 1 \\ 1 & 1 \end{bmatrix}$$

则按照矩阵乘法规则：

$$p \times q = \begin{bmatrix} 1 & 1 & 1 \\ 1 & 1 & 1 \end{bmatrix} \times \begin{bmatrix} 1 & 1 \\ 1 & 1 \\ 1 & 1 \end{bmatrix} = \begin{bmatrix} 3 & 3 \\ 3 & 3 \end{bmatrix}$$

$$q \times p = \begin{bmatrix} 1 & 1 \\ 1 & 1 \\ 1 & 1 \end{bmatrix} \times \begin{bmatrix} 1 & 1 & 1 \\ 1 & 1 & 1 \end{bmatrix} = \begin{bmatrix} 2 & 2 & 2 \\ 2 & 2 & 2 \\ 2 & 2 & 2 \end{bmatrix}$$

显然，$p \times q$ 并不等于 $q \times p$。

好在量子力学的另一位大师级人物对波函数给出了统计解释，德国犹太裔理论物理学家玻恩 —— 量子力学的奠基人之一，一眼就认出这看似奇特的方块并非什么新鲜东西，而是线性代数里的矩阵。

为了自家刚建立起的量子物理大厦，玻恩当即找了害羞内向、精通矩阵运算的数学家约尔当，一起埋头苦干，决心为海森堡提出的"不确定性原理"打一个坚实的数学基础。

然而，这矩阵异常复杂，玻恩和约尔当在哥廷根大学忙得焦头烂额，彻夜加班。而远在英国剑桥的学生宿舍里，狄拉克正凭借他

1　原子光谱：由原子中的电子在能量变化时所发射或吸收的一系列波长的光所组成的光谱。

1　泊松括号：法国科学家泊松求解哈密顿正则方程时所用的一种数学符号。

2　物质波：又称德布罗意波，指的是物质在空间中某点、某时刻出现的概率，其中概率的大小受波动规律的支配。

3　索末菲模型：1916 年，索末菲在玻尔模型的基础上将圆轨道推广为椭圆形轨道，并且引入相对论修正，提出了索末菲模型。

对哈密顿四元数的专业掌握及对矩阵的熟悉，轻而易举地透过论文的表格，抓住了海森堡体系里的精髓 $p \times q \neq q \times p$，直取这种代数的实质，即不遵守乘法交换律，并脑洞大开地参考了同样不符合乘法交换率的"泊松括号[1]"运算，建立了一种新的代数——q 数（q 表示"奇异"或者"量子"），并将它与动量、位置、能量、时间等概念联系在一起，再用 c 数（c 代表"普通"）来表示原来那些旧体系里符合交换率的变量。狄拉克在 c 数和 q 数之间建立起了简单易懂的联系，说明了量子力学其实是旧体系的一个扩展，新力学与经典力学实为一脉相承。

可惜的是，狄拉克晚了一步，尽管他的方法更简洁明晰，但在哥廷根联合作战的玻恩和约尔当率先计算出了结果。

狄拉克的天才光芒，暂时藏在伦敦的黑夜之中。

反物质"先知"
一统狭义相对论与量子力学

错过了第一个算出海森堡的矩阵力学设想之后，无欲无求的狄拉克并不气馁，他再次证明了矩阵力学和氢分子实验数据的吻合。不幸的是，命运之神再次和他开了个玩笑，他比公布相同研究成果的泡利慢了五天。

不过，天才的光芒是注定掩盖不了的。

1926 年，当量子力学的另一天才海森堡正在兴致勃勃地研究矩阵力学时，与其水火不容的薛定谔正在另一条路上开创波动力学。在细细咀嚼了德布罗意的"物质波[2]"假说后，薛定谔从建立在相对论基础上的德布罗意方程出发，得出了另一个方程，但因为没有考虑到电子自旋情况，所以推导出来的方程不符合索末菲模型[3]。薛定谔也非等闲之辈，他从经典力学的哈密顿 - 雅可比方程[4]出发，利用变分

4　哈密顿 - 雅可比方程：经典哈密顿量一个正则变换，经过该变换得到的结果是一个一阶非线性偏微分方程，方程之解描述了系统的行为。

法[1]和德布罗意公式，最后求出了一个非相对论的波动方程，即薛定谔方程。

一时间，矩阵力学与波动力学相互对峙，海森堡和薛定谔两人各自为政，吵得不可开交。冷静的狄拉克发现，这两人的理论其实彼此互补，并开始研究薛定谔的波动力学。

不管是海森堡还是薛定谔，所提出的量子力学都不符合狭义相对论的形式要求。这让从事过相对论动力学研究的狄拉克十分不舒服，他决定找到一个更好的量子力学方程，用以描述电子的运动行为，其不仅要符合相对论的运动关系，而且在低能的情况下应该可以近似薛定谔方程。

有趣的是，当时瑞典物理学家奥斯卡·克莱因和德国人沃尔特·高登也在试图找到一个符合相对论的电子量子理论，并分别独立导出了克莱因–高登方程。

那个物理学史上的黄金年代，真是天才辈出！

所以，这一次狄拉克又晚了一步吗？

根据量子力学对概率的数学诠释，克莱因–高登方程会导出负的概率，这简直不可接受，毕竟谁也无法想象出 -50% 的可能性抛出反面朝上的硬币。同时，利用克莱因–高登方程计算氢原子能级得到的结果和实验所得到的结果相差较大。从理论与实验相符的角度来看，克莱因–高登方程作为描述电子的方程，并不是一个好的理论。

1928 年，狄拉克站在海森堡、德布罗意、薛定谔、克莱因和高登等人的肩膀上，提出了电子运动的相对论性量子力学方程，即名垂青史的狄拉克方程。

在这个方程中，狄拉克率先统一了狭义相对论与量子力学，成功地把相对论、量子和自旋这些此前看似无关的概念和谐地结合起来，解决了当时理论物理界的一大难题，并得出一个重要结论：电子可以有负能值。这修正了克莱因–高登方程中得出负值概率的荒诞情形，还为物理学世界开辟了一块"新大陆"——游荡在宇宙中的反物质。

13
狄拉克方程：反物质的"先知"

狄拉克方程
意料之外的神来之笔

想弄懂狄拉克方程并不容易，就连狄拉克都曾感慨这个方程比他更聪明。毕竟他事先从未考虑过自旋，对把电子的自旋引进波动方程根本不感兴趣。可是，狄拉克方程能如此"无中生有"地指出为什么电子有自旋，而且为什么自旋角动量是 $\frac{1}{2}$ 而不是整数，这让当时最负盛名的海森堡都颇为嫉妒。现在，我们就来一起见识下这个方程的庐山真面目：

$$\frac{1}{i}\gamma^{\mu}\partial_{\mu}\psi + m\psi = 0$$

式中，γ^{μ} 为自由电子的一个操作矩阵；∂_{μ} 为对偏导；ψ 为相对论自旋 $\frac{1}{2}$ 场；i 为复数，$\frac{1}{i}$ 表示复数共轭；m 为自旋粒子的质量。

这是狄拉克方程在相对论量子力学里描述自旋 $\frac{1}{2}$ 粒子的方程式，实质上是薛定谔方程的"洛伦兹协变式"，是按照量子场论的习惯进行书写的。说到这里，还得感谢薛定谔当初意志力不坚定，没有坚持他那漂亮的相对论性波动方程，就因过多纠结理论与实验不太一致，又"移情别恋"非相对论性波动方程，这才让狄拉克在相对论性原理中有机可乘。

找到一个符合相对论形式的波动方程并不容易，哪怕当时克莱因和高登已经推导出了一个颇受关注的克莱因-高登方程：$\frac{1}{c^2}\frac{\partial^2}{\partial_t^2}\psi - \nabla^2\psi + \frac{m^2c^2}{h^2}\psi = 0$。狄拉克犀利地看到这个方程会得出一个负值的概率，而这在物理学上毫无意义。

为了解决这个负能态与负概率问题，"闷葫芦"狄拉克一头钻进书海，和现有的狭义相对论、矩阵力学、波动力学较起了劲。在看矩阵力学时，泡利的一个公式引起了他的注意：

$$\vec{\sigma} \cdot \vec{p} = \sqrt{\vec{p}^2} \times \boldsymbol{I} \quad (\text{其中 } \boldsymbol{I} \text{ 为 } 2 \times 2 \text{ 的单位矩阵})$$

最初，电子的自旋是作为假设提出的，泡利就是为了描述电子的自旋角动量才创建了三个二阶矩阵：σ_1、σ_2、σ_3。狄拉克心想：有没有可能方程的系数就是矩阵形式？

这一灵光乍现让向来淡漠的狄拉克脸上泛起了罕见的红晕，可最初假设的电子自旋只要求波动函数有两个分量（两个解），现在克莱因－高登方程却出现了负能态和负概率，那波动方程解的数目必定是以前的两倍（四个分量）。因此，狄拉克觉得系数应该扩展为一个 4×4 矩阵，而不是泡利的 2×2 矩阵。

沿着泡利矩阵的思路，狄拉克把 σ 公式推广到四个平方和并求解：

$$p_1^2 + p_2^2 + p_3^2 + p_4^2 = -m^2 c^4, \quad p_4 = \frac{iE}{c}$$

这里就推广为 4×4 的单位矩阵方程，考虑到薛定谔方程不具备洛伦兹协变性，所以对薛定谔方程（非相对论性波动方程）进行变换时也要避开克莱因－高登方程的缺陷。狄拉克推导出方程如下：

$$-h^2 \frac{\partial^2}{\partial^2 t} \psi = -h^2 c^2 \nabla^2 \psi + m^2 c^4 \psi$$

其 中， $E = ih\frac{\partial}{\partial t}$， $P_x = -ih\frac{\partial}{\partial x}$， $P_y = -ih\frac{\partial}{\partial y}$， $P_z = ih\frac{\partial}{\partial z}$。 那 么，$E^2 - c^2 p^2 + m^2 c^4$。当动量 p 很小的时候， $E = \frac{P^2}{2m}$， $ih\frac{\partial}{\partial t} = H\Psi$。

如果动量为 0，自旋为 0，那么 $E^2 = c^2 p^2 + m^2 c^4$ 中 $c^2 p^2 = 0$，得 $E^2 = m^2 c^4$，即 $E = mc^2$，这是符合爱因斯坦场论的。

而动量不为 0，自旋为 0 时， $E^2 = c^2 p^2 + m^2 c^4$。当动量、自旋都不为 0 时，就推导出了一般式，用量子力学方式书写就变成了开头的方程 $\frac{1}{i}\gamma^\mu \partial_\mu \psi + m\psi = 0$。

令人感到惊奇的是，在这一推导过程中，狄拉克方程还自动提供了薛定谔曾经梦寐以求的相对论性波动方程。所以，即使在科学上，忠诚也是一种弥足珍贵的品质。

富有魔力的狄拉克预言
和"天使粒子"的独特存在

20世纪30年代，狄拉克方程已成为现代物理学的基石之一，标志着量子理论的一个新纪元的到来。它打破了物理帝国的游戏规则，预言了一个新的基本粒子和两个基本过程，即反物质粒子正电子的存在，以及电子－正电子对的产生和湮灭的过程。

例如，一个正常的氢原子由带正电的质子和带负电的电子组成，但在一个"反氢原子"中，质子却带着"伤心满满"的负电，而电子带着"火辣辣"的正电！如图13-1所示，当一个氢原子和一个"反氢原子"相遇时，它们会遵循 $E = mc^2$，"轰隆"一声就放出大量的能量辐射，然后双方同时消失得无影无踪。

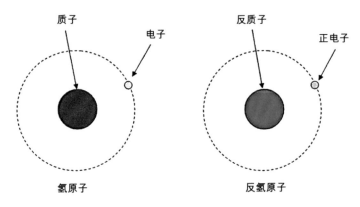

图 13-1　氢原子与反氢原子

这种现象听着有些离奇，但确实在发生。

很快，1932年，物理学家卡尔·安德森便在宇宙线实验中发现了正电子的存在，证实了狄拉克的预言，狄拉克也因此获得1933年的诺贝尔物理学奖，同时获奖的还有大名鼎鼎的薛定谔。

在这之后，对反物质探寻的一系列强有力的实验验证，也再次加固了狄拉克方程的地位。

1995年，欧洲核子研究中心的科学家在实验室中制造出了世界上第一批反物质 —— 反氢原子。

1997 年，美国天文学家宣布发现，在银河系上方约 3500 光年处，有一个不断喷射反物质的反物质源，它喷射出的反物质形成了一个高达 2940 光年的"反物质喷泉"。

2000 年，欧洲核子研究中心宣布已经成功制造出约 5 万个低能状态的反氢原子，这是人类首次在实验室条件下制造出大批量的反物质。

然而，对于物理学家来说，狄拉克方程拥有至高无上的地位不仅在于其理论被实验一再证实，而且它在理论上具有广泛的影响并时常带来意外之喜。

2002 年，在狄拉克 100 周年诞辰纪念日上，韦尔切克曾赞叹过："在所有物理公式中，狄拉克定理或许是最有'魔力'的一个……它是决定基础物理发展方向的枢纽之一。"

此话评价甚高，却绝非溢美之词。当时，在狄拉克方程的引导下，量子物理学家们更好地认知了真空，即宇宙的基态。真空不再被视为空旷无物之处，而是各种各样的能量汇聚的场所。而后，随着对粒子的深入认识，量子界的大师们开始看到了量子场的世界。与电场一样，这些场也在空间中无所不在，而粒子则是它们的局部表现形式。粒子可以瞬息存在，也可以长期存活。

更神奇的是，狄拉克方程甚至揭示了宇宙中有两种完全不同的量子，其中含玻色子[1]和费米子[2]。玻色子喜欢抱团而居，让激光应运而生；而费米子是"孤独患者"，喜欢独来独住，你永远不会发现有两个相同量子状态的费米子。这一神奇的模式后来解释了元素周期律，成了化学的基础。

不过，随着人们逐渐把"有粒子必有其反粒子"当作绝对真理，有意思的事情又发生了。2017 年，华裔物理学家张首晟团队与其他团体合作，在实验中发现了"天使粒子"，这种粒子与狄拉克费米子相异，并没有与之相对应的反粒子，却与马约拉纳费米子十分吻合。马约拉纳费米子指的是存在这样一种没有反粒子的粒子，或者说它的反粒子就是它本身。也就是说，"天使粒子"的反粒子或许就是其本身，这不仅是对微观世界认知的一次飞跃性进步，而且还给量子计算带来了新的希望。

毕竟，在那样的一个世界里，完美到只有天使，没有魔鬼，没有湮灭。

1 玻色子：遵循玻色 - 爱因斯坦统计，自旋为整数的粒子。玻色子不遵守泡利不相容原理，在低温时可以发生玻色 - 爱因斯坦凝聚。

2 费米子：在一组由全同粒子组成的体系中，如果在体系的一个量子态（由一套量子数所确定的微观状态）上只容许容纳一个粒子，这种粒子称为费米子。

物质－反物质之谜
宇宙丢失的另一半

"天使粒子"的发现揭开了大幕的独特一角，但还有一件事始终令物理学家们疑惑不解。按照当下流行的大爆炸宇宙论[1]，宇宙生成之初，物质和反物质应是对称的，即物质和反物质的数量在开始时应该一样多。可为何我们只看到了一个只有物质的宇宙？狄拉克所说的反物质都跑到哪去了？这时，各物理门派开始脑洞大开。

理论一：认为在大爆炸产生了我们所在的以物质为主的宇宙时，同时也产生了一个对应的以反物质为主的反宇宙。但宇宙和"反宇宙"互不联通，所以这个理论基本无法验证。如果一定要找到某种联通的途径，只能通过更高维的空间或玄之又玄的"虫洞[2]"。生活在三维空间的我们，有不少人觉得该理论太过玄妙，少谈为宜。

理论二：认为可能存在与物质的星云、星系等相对应的反物质的星云、星系，它们共存于同一个宇宙中，但相隔遥远，因此不会撞到一起而湮灭。如果真是那样，一些来自"反世界"的反原子核就有可能飞到地球来。这些反原子核一旦碰触大气层就会湮灭，所以要想探测到它们，只可能在大气层的边缘或之外。然而，到目前为止，除了正电子，仍没有任何证据显示原始反物质正潜伏在太空某处。

理论三：认为宇宙生成时物质和反物质确实是对称的，但由于我们目前还不知道的机制，在宇宙发展的过程中反物质通通消失，只剩下了物质。参考了大型强子对撞机的数据，科学家估测宇宙早期每形成十亿个反物质的同时就产生十亿零一个物质，这意味着宇宙刚诞生时差不多有一半仍旧是反物质。可惜，实验结果与科学家的预估大相径庭，宇宙刚诞生时的反物质质量只相当于一个普通的星系。反物质的探寻之路依旧扑朔迷离。

宇宙到底有没有另一半？有的话，它会在哪里？反物质和物质为什么会有不同的行为？宇宙诞生之初究竟发生了什么？

当然，纵使天才如狄拉克，这些问题也已经不是他能预见到的了。

新的问题层出不穷，浩瀚宇宙仍然深不可测。

1　大爆炸宇宙论：现代宇宙学中最有影响力的学说之一，主要观点是宇宙曾有一段从热到冷的演化史。在这个时期里，宇宙体系在不断地膨胀，使物质密度从密到稀地演化，如同一次规模巨大的爆炸。1946年，美国物理学家伽莫夫正式提出大爆炸理论，认为宇宙由大约140亿年前发生的一次大爆炸形成。

2　虫洞：最早于1916年由奥地利物理学家路德维希·弗莱姆提出，并于1935年由爱因斯坦及纳森·罗森加以完善，因此"虫洞"又被称为爱因斯坦－罗森桥。一般情况下，人们口中的"虫洞"是"时空虫洞"的简称，它被认为是宇宙中可能存在的捷径，物体通过这条捷径可以在瞬间进行时空转移。

尽管狄拉克方程未经实验验证就率先推证了反物质的存在，狄拉克更是开创了理论物理学家通过数学的知识成功预言了未知粒子存在的先例。

但是，面对这个由反质子和反中子构成了反原子核，反原子核和反电子构成了反原子，再由反原子构成的形形色色的反物质世界，人类不仅难以在广袤宇宙中探寻到它的存在，而且永远不能进入，同时不能与自己的双胞胎兄弟——"反人类"会面，因为人类一旦进入这一神秘的反物质世界与"反人类"相遇，便会迅速湮灭！

所谓湮灭，是指正反物质完全地由物质转变为能量，过程遵循 $E=mc^2$，而正反物质湮灭产生的能量有多大？我们回忆一下利用核反应前后质量之差所产生的核爆炸能量，再想想假如质量完全消失释放的能量规模！

14

杨－米尔斯规范场论：大统一之路

$$\mathcal{L}_{gf} = -\frac{1}{2} Tr(F^2) = -\frac{1}{4} F^{a\mu\nu} F^a_{\mu\nu}$$

规范场论不属于人间，它属于宇宙。

近 60 年来，物理学家都干什么去了？在许多科学爱好者的心里，都有着这么一个疑问。毕竟，在人类科学发展史上，20 世纪物理学家灿若群星。但过去了这么久，大家似乎也只记得 1900—1953 年这个黄金时代，爱因斯坦、玻尔、薛定谔、海森堡、狄拉克、玻恩、泡利等天才携手而来。

而自从 1955 年爱因斯坦去世之后，物理界鸦雀无声。就算有人提到 1950—1975 年是物理学白银时代，但大部分人其实并不知道此时的物理学家们做了什么。

物理学家并没有闲着，近 60 年来，很多优秀的物理学家在规范场论里寻找生存的意义，只是这个领域太深奥，并没有多少人能够真正理解它。

规范场论
20 世纪物理学三大成就之一

如果说 20 世纪初相对论是物理学旗手，中期是新量子论的天下，那么下半叶则属于规范场论。诺贝尔奖得主丁肇中曾这样说："提到 21 世纪的物理学里程碑，我们首先想到三件事，一是相对论（爱因斯坦），二是量子力学（狄拉克），三是规范场（杨振宁）。"

相对论就不用多说了，量子力学也是如雷贯耳，但规范场论这个名字非常陌生，它竟然是 20 世纪物理学三大成就之一？

原因很简单，规范场论是当代物理学最前沿阵地，如果你不是物理博士或者物理学爱好者，根本就不可能接触到规范场论，一辈子也不可能与同位旋 [1]SU(2) 打交道。

规范场论已经不是与质子、中子"攀交情"，而是和夸克 [2] 一样级别的小玩意"捉迷藏"，寻常人等早已经被电磁场弄得死去活来，

1　同位旋：与强相互作用相关的量子数。1932 年，海森堡为解释新发现中子的对称性而引入同位旋。对于强力相同而电荷不同的粒子，可以看作相同粒子处在不同的电荷状态，同位旋就是用来描述这种状态的。同位旋并不是自旋，也不具有角动量的单位，它是无量纲的一个物理量，之所以称为同位旋，只是因为其数学描述与自旋很类似。

2　夸克：一种参与强相互作用的基本粒子，也是构成物质的基本单元。夸克互相结合，形成复合粒子，称为强子。强子中最稳定的是质子和中子，它们是构成原子核的单元。

哪里还敢进入规范场论修炼?

规范场的建立与许多物理学家联系在一起,包括赫尔曼·外尔[1]、杨振宁、盖尔曼等,从电磁场开始,这些非凡头脑走进了这个神秘世界。杨振宁是这个领域的领军者之一,他创立的杨-米尔斯理论是规范场论的基石。

2000 年,*Nature* 评选过去 1000 年影响世界的物理学家,杨振宁是在世的唯一一个影响世界千年的物理学家。

这样的评价是不是有点夸张了?很多人表示怀疑,杨振宁真的能与牛顿、爱因斯坦、狄拉克这些人相提并论?

1 赫尔曼·外尔:德国数学家、物理学家,主要著作有《空间,时间,物质》《黎曼曲面的思想》《群论与量子力学》《典型群》《对称》,其在数学、相对论和量子力学领域成就突出,还是当今最重要的粒子物理学理论——规范场论的发明者。

微观意义
规范场论建立微观粒子的标准模型

大部分人对微观粒子的认知到夸克就基本结束了,物理教科书上对夸克也语焉不详,没有几个人去探索这个深邃无比的亚原子世界。

规范场论有着自己的勃勃野心,它的目标是建立一个完美的粒子标准模型。想在亚原子世界建立一套统一理论,要让肉眼凡胎看不见的创世粒子(姑且这样定义,比质子、中子低一个层级)都在这个标准模型下运转,也就像宏观世界的牛顿三大定律,不管人类深入地底还是探索火星,都必须遵守牛顿定律,这比早期玻尔在"量子世界"建立原子标准模型还要难,因为亚原子世界比原子还要细微,比电子还要缥缈。

现代物理已经论证原子核由质子和中子构成,一些放射性衰变原子核会放射出电子。但要继续往下研究,了解原子核里面的结构,必须弄清楚质子、中子和电子的相互作用。要探索这个世界,人类只有通过大型对撞机才能发现其中的蛛丝马迹。

经过现代粒子对撞实验和理论的发展,主流物理学已经达成共识,质子由两个上夸克和一个下夸克组成,中子由两个下夸克和一个上夸克组成,而这些夸克又有不同颜色。然而,要构建全面的夸克理论，必须假设有六种夸克，这些夸克组合成许多其他粒子。除了夸克组成的强子，还有轻子[1]，轻子的种类和夸克一样，也是六种。夸克和夸克之间的强相互作用力又需要相应的交换粒子来传递，这些交换粒子称为规范玻色子（如胶子）。

从夸克、轻子、规范玻色子，以及希格斯玻色子[2]的交互作用来看，规范场论是描述亚原子世界的物理框架，目前的实验结果符合规范场论的标准模型，它对电子与光子之间相互作用的预计结果能精确到$\frac{1}{10^8}$。

实验证明了理论的正确性，不管你相不相信规范场论，它现在就是粒子物理的基石。

宏观意义
规范场论要实现爱因斯坦大统一理论

爱因斯坦在1915年发表广义相对论之后，便开始了"大统一之梦"，希望通过一个公式来描述宇宙中的每一个细节，寻找一种统一理论来解释所有相互作用。

这一"统"就是三十余年，无论这位伟人从数学还是物理角度入手，最终还是一无所获，这也是爱因斯坦十分尊敬麦克斯韦的原因。麦克斯韦方程可算是电、磁、光三者"统一"场理论，他统一了电磁力[3]。

那现代物理意义上的大统一理论到底是什么？

大统一理论又称为万物之理。由于微观粒子之间仅存在四种相互作用力：万有引力[4]、电磁力（麦克斯韦完成）、强核力、弱核力。理论上，宇宙间所有现象也都可以用这四种作用力来解释，所以物理

4 万有引力：由引力子传递，与质量成正比，与距离的平方成反比。万有引力属于长程力，在四种基本力中最弱。

学家们一直相信这四种作用力应有相同的物理起源，它们在一定的条件下应能走到一起，相聚于同一个理论框架内。能统一说明这四种作用力的理论或模型，可以称为大统一理论。

那规范场论何德何能，有可能实现爱因斯坦眼中的大统一理论？

这主要得益于 20 世纪后半叶粒子物理学的发展，自然界中几乎所有的基本相互作用都是通过某种形式的规范场来传递的，并由此确立了当代物理学的一个基本原则：几乎全部基本力都是规范场（除引力外）。

我们可以用一个规范群为 $SU(3) \times SU(2) \times U(1)$ 的规范场论来寻找答案。

（1）电磁力对应 $U(1)$ 规范场论。这是一种最简单的规范场论，也称为阿贝尔规范场论，与电磁作用相联系的 $U(1)$ 群是阿贝尔群，数学家外尔给出了科学解释。

（2）弱核力对应 $SU(2)$ 规范场论。核子的同位旋对称性在数学上属于 $SU(2)$ 群，是非阿贝尔群。

（3）强核力对应 $SU(3)$ 规范场论。强子由夸克构成，夸克间的强相互作用由 $SU(3)$ 规范作用来实现，$SU(3)$ 群也是非阿贝尔群。

1967 年，温伯格和萨拉姆将"对称性破缺"引入弱相互作用和电磁相互作用统一的模型上，提出了 $SU(2) \times U(1)$ 规范群结构，建立了弱电统一理论，这是一种规范场论。

1973 年，格罗斯、波利茨和威尔茨克建立了基于 $SU(3)$ 非阿贝尔规范场的量子色动力学。至此，形成了与电磁力、强核力、弱核力有关的所有物理现象的标准模型，最直接的做法是选用这两者的乘积 $SU(3) \times SU(2) \times U(1)$ 作为规范对称群，这也是一种规范场论。

也就是说，除了引力，规范场论统一了三种力。

另外，我们还能看到，引力场就是在局部广义时空坐标变换下协变的规范场论。

这就不得不让人们想到，物理学的统一之路是否归于规范场论呢？

当然，想将引力也纳入规范场论的标准模型中并不容易。虽

1 超弦理论：理论物理的一个分支学科，它的一个基本观点是，自然界的基本单元不是电子、光子、中微子和夸克之类的点状粒子，而是线状的弦（包括有端点的开弦和圈状的闭弦或闭合弦）。

2 M理论：为"物理的终极理论"而提出的理论，物理学家希望能用一个理论来解释所有的物质与能源的本质和交互关系，这个理论试图把四种作用力——电磁力、引力、强核力和弱核力统一起来。

然 $SU(3) \times SU(2) \times U(1)$ 群涵盖了三种相互作用，但是这毕竟是三个不同的群，它们对应的规范场的耦合强度也不同。如果能够找一个单一的群，如比较流行的 $SU(5)$ 和 $SO(10)$，它们含有子群 $SU(3) \times SU(2) \times U(1)$，然后这个单一群在低能量状态里对称性自发破缺到 $SU(3) \times SU(2) \times U(1)$，这就是大统一。

直到现在，引力始终还没有统一进来，这又涉及更前沿的超弦理论[1]问题。为了将引力纳入"弱－电－强"的理论模型之中，20世纪70年代，物理学家提出了弦论，而后又发展出了超弦理论和M理论[2]，但是弦论目前还没有得到公认，还有待证实。并且，随着希格斯粒子的发现，超弦理论困难重重，最有可能成为大统一理论的仍然是规范场论。

当然可能有人会问，大统一理论就是物理学家为了追求数学上的美感瞎折腾，为什么一定要追求大统一理论呢？当牛顿发现万有引力和运动定律后，以力学为基础的现代机械原理催生出了蒸汽机；当麦克斯韦将电学与磁学统一成电磁学后，人类学会了发电；而爱因斯坦利用狭义相对论统一了时空、质能之后，又为人类打开了核能利用的时代……

从历史的角度看，每当人类统一或控制一种自然力，都能使整个社会迅猛前进。那么，一旦人类将所有的作用力整合成一个超作用力，实现大统一理论，这时会有什么突破？

那可能不仅仅是整个文明的指数升级。著名美国物理学家戴维斯曾大胆地写道："控制超作用力后，我们便能任意地组合与改变粒子，制造出前所未有的物质形态。我们甚至能左右空间的维度数，制造出具有不可思议属性的人工世界。我们将成为宇宙的主宰。"

而目前来看，规范场论是最有可能实现爱因斯坦"大统一之梦"的优秀理论。

规范场论的前世今生
和绕不开的杨 – 米尔斯理论

规范场论的建立历程错综复杂，它就好似一件百衲衣，每种力都由一个独立的几何构型来描述，将电磁力、强核力、弱核力和所有粒子都看作李群及纤维丛[1]等精巧几何结构的动力学结果。

回首规范场论的发展，尽管爱因斯坦没有实现"大统一之梦"，却在建立广义相对论时留下了用几何语言描述引力场的智慧光芒，深深影响了数学大师赫尔曼·外尔。1918 年，外尔试图统一广义相对论和电磁学，他类比广义相对论中的局域对称性，把电磁场也看作一种局域对称性的表现形式，将黎曼几何进行修改，试图建立一种新的几何结构来解释电磁场。延续着这一思路，规范不变性思想得以诞生。

外尔最初的规范思想并不被人接受，主要原因是他的想法太超前，规范不变性的实质是相位不变，而相位概念得等到量子力学产生后才能解释。1929 年，在尺度变化被修正为相位变化后，外尔提出了 $U(1)$ 规范对称性，这是规范场论首次被提出。

规范场论虽然被提出，在此之后却是科学界长达 25 年的不闻不问。

毕竟规范不变性虽在许多方面有用，但并无本质的意义，仅是电磁学理论的一种特征。这一局面，直到 1954 年杨振宁和米尔斯建立了杨 – 米尔斯规范理论才得以改变。

1949 年的春天，杨振宁前往普林斯顿高等研究院，不仅租了外尔的房子，还接替了外尔在理论物理界的位置。作为一位出生于中国的物理学家，东方审美一直深深影响着他，"对称性"对于杨振宁来说，一直有着磁铁般的吸引力。

他沿着外尔的思考方向，把规范不变性推广到与电荷守恒定律类似的同位旋守恒中。不过，在这个过程中，他却陷入一种困境，直到与米尔斯合作后，才认识到了描述同位旋对称性的 $SU(2)$ 是一种非阿

1 纤维丛：1946 年由美国人斯丁路特、美籍华人陈省身、法国人艾勒斯曼共同提出。数学上，特别是在拓扑学中，一个纤维丛是一个局部看起来像两个空间的直积（笛卡儿积）的空间，但是整体可以有与直积空间不同的拓扑结构。

贝尔群。尽管阿贝尔规范场论是非阿贝尔规范场论的特殊情况，但就像牛顿方程不能推演出相对论运动方程一样，阿贝尔规范场论并不能推演出非阿贝尔规范场论。

于是，他们两人在这个基础上提出了杨－米尔斯理论，即杨－米尔斯方程，经过后世科学家重新推导修正，方程具体如下：

$$L_{gf} = -\frac{1}{2}T_r(F^2) = -\frac{1}{4}F^{a\mu\nu}F^a_{\mu\nu}$$

杨－米尔斯方程是一个非线性波动方程，是线性的麦克斯韦方程的推广。虽然全世界并没有多少人能弄懂它，但它是物理学界极为重要的方程式之一，它开启了规范场论的伟大征程。杨－米尔斯理论并非一帆风顺。1954 年，杨振宁到普林斯顿研究院做报告，当他在黑板上写下他们将 A 推广到 B 的第一个公式时，台下的物理界大师泡利开始发言："这个 B 场对应质量是多少？"这个问题一针见血点到"死穴"。看到杨振宁沉默不语，泡利又问了一遍同样的问题。被物理学界的"上帝鞭子"追问，年轻的杨振宁一身冷汗，只好支支吾吾地说事情很复杂，需要一点时间。泡利咄咄逼人，当时场景使杨振宁十分尴尬，报告几乎进行不下去，幸亏主持人奥本海墨，泡利方才作罢。

第二天，杨振宁收到来自泡利的一段信息，为报告会上的激动发言而遗憾，并给这两位年轻物理学家的工作以美好的祝福，同时建议杨振宁读一读"有关狄拉克电子在引力场时空中运动"的相关论文。多年后，杨振宁才明白其中所述引力场与杨－米尔斯场在几何上的深刻联系，从而促进了他在 20 世纪 70 年代研究规范场论与纤维丛理论[1] 的对应，将数学和物理的成功结合推进到一个新的水平。而规范场论这一优美动人的数学形式，也使物理学家们一直希望用单一的几何构型来描述各种基本相互作用力。

电磁规范场的作用传播子是光子，光子没有质量，但强弱相互作用不同于电磁力，电磁力是远程力，强弱相互作用都是短程力，一般认为短程力的传播粒子一定有质量，这便是泡利当时所提出的问题根源所在。泡利不愧是物理界黄金时代的顶尖大师，慧眼如炬，正是这个质量难题，让规范理论默默等待了 20 年！

1　纤维丛理论：拓扑学中的一种理论。利用纤维丛理论和联络几何学，给出了作为统一电磁场与相互作用场的数学基础的规范场论的一个几何模型。

杨－米尔斯理论虽然没有真正解决强弱相互作用的问题，却构造了一个非阿贝尔规范场的模型，历经温伯格、盖尔曼、希格斯、威腾等科学家添砖加瓦，为所有已知粒子及其相互作用提供了一个框架。后来的弱电统一、强作用，都建立在这个基础上。即使是尚未统一到标准模型中的引力，也有可能被包括在规范场的理论之中。如今，六十多年过去了，"对称性支配相互作用"已经成为理论物理学家的一个共识，杨－米尔斯规范场理论对现代理论物理起了奠基作用。

到了 21 世纪，规范场论已经作为当代物理学前沿的最基础部分，和牛顿力学、麦克斯韦电磁理论、狭义相对论、广义相对论及早期的量子理论一样，是物理学大厦中最坚实的存在。

<h1 style="text-align:center">规范场论的遗憾
杨－米尔斯存在性和质量缺口</h1>

规范场论在实验室被反复证明，但数学解释并不完美。2000 年年初，美国克雷数学研究所选定了七个"千年大奖问题"：NP 完全问题[1]、霍奇猜想[2]、庞加莱猜想[3]、黎曼假设[4]、杨－米尔斯存在性和质量缺口、纳维－斯托克斯方程[5]、BSD 猜想[6]。这七个问题都被悬赏 100 万美元，其中就包括杨－米尔斯存在性和质量缺口。

2 霍奇猜想：代数几何的一个重大的悬而未决的问题。由威廉·瓦伦斯·道格拉斯·霍奇提出，它是关于非奇异复代数簇的代数拓扑和它由定义子簇的多项式方程所表述的几何的关联的猜想。

3 庞加莱猜想：法国数学家亨利·庞加莱提出了一个拓扑学的猜想，即"任何一个单连通的，闭的三维流形一定同胚于一个三维的球面"。简单地说，一个闭的三维流形就是一个有边界的三维空间；单连通就是这个空间中每条封闭的曲线都可以连续地收缩成一点，或者说在一个封闭的三维空间，假如每条封闭的曲线都能收缩成一点，这个空间就一定是一个三维圆球。

4 黎曼假设：关于黎曼 ζ 函数 ζ(s) 的零点分布的猜想，由数学家黎曼于 1859 年提出。

5 纳维－斯托克斯方程：一组描述像液体和空气这样的流体物质的方程，简称 N-S 方程。

6 BSD 猜想：全称为贝赫和斯维纳通－戴尔猜想，其描述了阿贝尔簇的算术性质与解析性质之间的联系。

1 NP 完全问题：多项式复杂程度的非确定性问题。如果任何一个 NP 问题都能通过一个多项时间算法转换为某个 NP 问题，那么这个 NP 问题就称为 NP 完全问题。

14 杨－米尔斯规范场论：大统一之路

1 南部阳一郎：
美籍日裔物理学
家，弦理论奠基人
之一，因发现原子
的对称性自发缺机
制与小林诚、益
川敏英共同获得
2008 年诺贝尔物
理学奖。

杨 - 米尔斯理论一"出生"就有着先天缺陷，泡利提出的质量问题最后被南部阳一郎[1]的对称性自发破缺机制及希格斯等人发明的希格斯机制勉强解决，成果就是电弱统一理论。再经过当代物理学家的努力，才成为粒子标准模型。该理论的缺点也很明显，除了希格斯机制让人觉得缺乏美感和理性外，它在描述重粒子的数学过程中找不到严格解，还因为它没有量子引力、没有暗物质、没有暗能量，甚至电弱力和强力的统一还远没有成功。

这些缺点让人觉得以杨 - 米尔斯理论为基石的规范场论就像一件美丽的衣服，但在关键部位破了几个洞。而当代最顶尖的物理学家费曼、盖尔曼、格拉肖、温伯格、希格斯、威腾专门为规范场论这件衣服打上了"补丁"，这才勉强拿得出手。

"千年大奖问题"中有关于杨 - 米尔斯理论的问题，也说明了这个理论还有很大的完善空间。但不管怎样，作为当代最前沿的物理学理论，已经在全世界范围内的实验室里所开展的实验中得到证实，这已经是不可描述的伟大成就。

量子电动力学大师弗里曼·戴森在纪念爱因斯坦的著名演讲《鸟和青蛙》里这样评价杨振宁：这是一只鸟的贡献，它高高地飞翔在诸多小问题构成的热带雨林之上，我们中的绝大多数在这些小问题里耗尽了一生的时光。

结语
朝闻道，夕死可矣

刘慈欣的科幻小说《朝闻道》描述了这样一个故事，人类建立了巨大的粒子加速器，想要揭示宇宙的奥秘，寻找物理学上的大统一理论，却被突然出现的超级文明警告：宇宙的最终奥秘，可能导致宇宙的毁灭，所以不能允许人类探寻这个奥秘。

2012 年，科学家们发现希格斯粒子后，规范场论最后一个缺陷被弥补，它统一了目前自然界的四种基本力中的三种，爱因斯坦穷尽后半生追求的大统一理论 —— 规范场论正在步步逼近。

物理学的终极奥义是什么呢？科学家们行走于求知的钢丝线上，追寻着梦寐以求的答案。或许，这条路的终点就是宇宙的终极之美，但也有可能为之付出了一切，却终究无法到达。

应用篇

15

香农公式：5G 背后的主宰

$$C = B \log_2 \left(1 + \frac{S}{N} \right)$$

香农重新建造了一个全新的世界，从宙斯的额头开始。

从烽火狼烟到邮政印刷，从电报广播到网络通信。

自香农公式诞生之后，人类在远距离传输信息的这条通信道路上越走越快。这是科学的指引，是技术的进步，是超越国家边界的物理存在。

即使经历了从 1G[1]（First Generation）到 2G[2]，从 2G 到 3G[3]，从 3G 到 4G[4] 的移动通信变更，各家巨头 AT&T[5]、摩托罗拉[6]、爱立信[7]、英国电信、诺基亚、高通[8]、苹果、中国移动、华为……你方唱罢我登场，但始终没有谁能坐稳通信业的"铁王座"。

面对即将到来的 5G[9]，谁是这场通信变革的新起之秀？

历史显然并不在意这些，通信技术的主宰者从来只有一个，那就是香农公式。

香农公式是什么？它为什么是 5G 的真正主宰？

香农：数字通信时代的奠基人

1997 年，美国波士顿城外一幢用灰泥粉饰过的宅邸里，每天下午总有一个白发朱颜的老头一边骑着独轮车，一边抛接四个球，不厌其烦地操练杂耍技艺。

若有到访者来此，他会兴致勃勃地分享他的"杂耍统一场论"：如果 B 代表球的数量，H 代表手的数量，D 表示球在手中度过的时

1　1G：第一代移动通信技术的简称，表示以模拟技术为基础的蜂窝无线电话系统，如现在已经淘汰的模拟移动网，制定于 20 世纪 80 年代。

2　2G：第二代手机通信技术规格，以数字语音传输技术为核心。其一般定义为无法直接传送电子邮件、软件等信息，只具有通话和时间、日期等传送功能的手机通信技术规格。

3　3G：第三代移动通信技术，是指支持高速数据传输的蜂窝移动通信技术。3G 能够同时传送声音及数据信息，速率一般在几百 kbit/s 以上，是将无线通信与国际互联网等多媒体通信结合的新一代移动通信系统。

4　4G：第四代移动电话行动通信标准，指的是第四代移动通信技术，集 3G 与 WLAN 于一体，并能够快速传输数据、高质量音频、视频和图像等。

5　AT&T：一家美国电信公司，美国第二大移动运营商，创建于 1877 年，曾长期垄断美国长途和本地电话市场，前身是由电话发明人贝尔于 1877 年创建的美国贝尔电话公司。

6　摩托罗拉：总部位于芝加哥市郊，世界财富百强企业之一，是全球芯片制造、电子通信的领导者。

7　爱立信：1876 年成立于瑞典首都斯德哥尔摩，业务遍布全球多个国家和地区，是全球领先的提供端到端全面通信解决方案及专业服务的供应商。

8　高通：创立于 1985 年，总部设于美国加利福尼亚州，是全球 3G、4G 与 5G 技术研发的领先企业，目前已经向全球多家制造商提供技术使用授权，涉及了世界上所有电信设备和消费电子设备的品牌。

9　5G：第五代移动电话行动通信标准，也称第五代移动通信技术。

间，F 则代表着每个球的飞行时间，E 代表每只手不拿球的时间，那

$$\frac{B}{H} = \frac{D+F}{D+E} \text{。}$$

遗憾的是，该理论并不能帮助这个 81 岁的老人实现扔四个球的美梦。所以，他要赖地狡辩道："这是因为我的手太小了！"

尽管他在狡辩，但他身边的每个人眼神里都透着敬畏。虽然克劳德·香农没有爱因斯坦那般赫赫有名，却也是享誉一时的伟大人物。

在科学的世界，始终流传着各种有关香农的传说，人们称他为"信息论之父"和"数字通信时代的奠基人"。这一切都源于他 1948 年亲手所绘的那一幅"数字时代的蓝图"——《通讯的数学原理》。

在这篇论文里，香农以无与伦比的想象力和创造力，用科学方法定义信息，发展了信息论，提出通信业两大定律，并以信息论指引通信发展，使人类从工业社会过渡到信息社会，最后进入前所未有的数字通信时代。

5G 前传：信息即情报

什么是信息？

20 世纪以前，"信息"尚处于混沌之中，更多的时候，它是一纸家书，是斗兽场的公示牌，或是市场上的吆喝……

直到香农将该词定义为：信息是用来消除随机不确定性的东西。

香农究竟是如何找到它的精确定义的？第二次世界大战期间，香农待在贝尔实验室为美国情报部门工作，这使香农对 information（信息）一词有着深刻理解。英文中，信息和情报是同一个词，而情报的作用就是消除不确定性，尤其在战争时期，情报有时能在瞬间决定胜负。

1941 年，第二次世界大战正处于白热化阶段。德国 430 万大军兵临莫斯科，斯大林在欧洲已无兵可派，想调回远在西伯利亚中苏边境驻扎着的 60 万大军。斯大林一直在揣度德国盟友日本人的心思，日本人究竟是选择北上进攻苏联，还是南下和美国开战？

最终，传奇间谍佐尔格向莫斯科发来情报："日本将南下"，这条信息理论上仅需要 1bit。斯大林松了口气，即刻下令：大后方的 60 万大军撤回欧洲，增援莫斯科会战。随后的历史迅速发生了大转折。

斯大林通过获取情报做出决断的故事，其实就是一个获取新信息，并且消除不确定性的过程。这个过程展现了信息的作用，也是信息论原理的一个具象呈现。

由此，信息的定义出来了，是消除不确定性的东西。那什么又是信息论呢？

信息论：新时代的技术基石

1948 年，在《通信的数学原理》一文中，香农完成了他八年的夙愿，为通信系统建立起一整套数学理论。这标志着信息论的诞生，并直接诞生了一个新的学科：信息学。此后，这个世界所有的信息都可以用 0 和 1 来表示，香农带领人类从工业时代进入信息时代。

为了对信息及信息的不确定性进行度量，香农在《通信的数学原理》中提出了比特和信息熵的概念。

比特是香农自创用来测量信息的单位，现已跻身于米、千克、分钟之列，成了日常生活中常见的量纲之一，是计算机最小的数据单位。

例如："香农真的好厉害"这七个汉字，按照 GB2312 编码标准，一个汉字两个字节，一个字节 8bit，总共就是 112bit。这是信息的单位。

信息熵则是信息论中最基本的一个概念，是香农从热力学中"偷"过来用的，专门用于描述信源的不确定度，是消除不确定性所需信息量的度量。该公式表示如下：

$$H(X) = -\sum_x P(x)\log_2[P(x)]$$

式中，x 为随机变量；X 为随机变量的集合；$P(x)$ 为变量出现的概率。

其具体定义为：对于任意一个随机变量 x，变量的不确定性越大，熵也就越大，把它弄清楚所需要的信息量也就越大。

该公式现在被广泛应用于数据压缩之中，计算文件压缩的极限值。如今，我们能把整部高清电影塞进一张薄薄的塑料片里还要得益于它。

关于信息熵的公式，华裔物理学家张首晟曾经引用爱因斯坦的话感慨：这个公式虽然不像 $E=mc^2$ 那么知名，但人类知识往前推进，牛顿力学可能不对，量子力学可能不对，相对论可能也不对，而信息熵公式却是永恒的。

在对信息的基本概念定义之后，香农提出信息学的两大定律。

香农第一定律，即信源编码定律，简单来说就是教会人类如何用数学方式将信息编码。

香农第二定律，即香农公式，描述了一个信道中的极限信息传输率和该信道能力，这是现代通信行业的"金科玉律"。

香农成功借助数学基本建立了信息知识体系的构架，信息论在新的时代掀起一场狂风巨浪般的信息革命，一个新帝国正以前所未有的速度崛起。

什么是香农公式？

19 世纪初，电磁学的发展使电报、电话、无线电广播等如雨后春笋般出现，远距离通信传输首次有了飞跃性发展，但有关它们传输载体信息本身的研究基本毫无动静。

直到香农定义了信息的相关概念，才用信息熵解决了当时电报、电话、无线电等如何计量信号信息量的问题。但怎么在远距离通信中进一步提高信息传递的信息量，加快信息的传送速率呢？

这是更令人焦急的烦恼，不能以后总是只发几个字的电报吧。

但信息无质无量，谁知道到底是什么在影响它的速率呢？

这就是顶尖科学家存在的意义，香农直接给出了信道容量公式，即香农公式。这个公式定义了信息传送速率上限，即香农极限，几乎所有的现代通信理论都是基于这个公式展开的，其数学表达式为：

$$C = B \log_2(1 + \frac{S}{N})$$

式中，C 为信息速率的极限值；B 为信道带宽（Hz）；S 为信号功率（W）；N 为噪声功率（W）；$\frac{S}{N}$ 为信噪比。

我们可以简单地把信息通道看作城市道路，这条道路上单位时间内的车流量受到道路宽度和车辆速度等因素的制约，在这些制约条件下，单位时间内最大车流量就被称为极限值。

根据香农定理，由于受到固有规律的制约，任何信道都不能无限增加信息传送的速率。

从香农公式中我们可以看出，想要提高信息的传送速率，关键在于提高信噪比和带宽。

C 一定时，B 与 $\frac{S}{N}$ 可以互换，即信道带宽和信噪比可以互相交换。也就是说，在传输速度不变的情况下，提高信道带宽可以容忍更低的信噪比，反之亦然。信道带宽和信噪比的互换是扩频通信的理论基石，通过增加信道带宽，我们甚至可以轻松应对小于 0 的信噪比。

香农公式作为信息时代的"圣经"，它是现代信息革命必须遵循的科学原理，也是数字通信时代的理论基石。

造物主有这样的能力，他说世界很简单，原则就这条，你们自己研究吧。

信息时代：在香农公式中追逐极限

作为信息时代的设计师，香农写完公式后留下一句：极限就在这里。接着他就跑回自己的院子里玩杂耍去了。现在回头来看，这简直是 20 世纪以来最动人的故事。如今，全世界都在为他的公式疯狂，都在努力向极限逼近。

从 1G 至 2G，从 3G 至 4G，甚至到 5G 的通信变更，全世界一流的通信运营商和生产商也一直废寝忘食地追逐着香农极限。

在这期间，以香农公式为通信理论之基，通过不断革新技术，提高信噪比，增加带宽，我们也经历了大约每 10 年就发生一场时代剧变的移动通信技术演进史（图 15-1），生活也因此而瞬息万变。

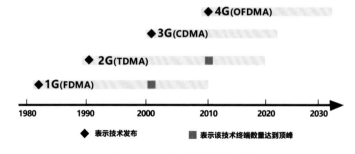

图 15-1　移动通信技术演进史

1986 年左右，依托着频分多址（Frequency Division Multiple Access，FDMA）技术[1]，1G 时代崛起。生活在信息依靠模拟信号传递的世界，我们手拿价格高昂的"大哥大"，四处寻找能听得清楚对方讲话的最佳位置。

1995 年左右，挥别 1G，时分多址（Time Division Multiple Access，TDMA）技术[2]使我们进入了 2G 世界。诺基亚 7110 开启了人类手机上网的时代，也开启了传递 160 字长度的短信的生活，数字移动电话逐渐取代模拟移动电话，一代巨头摩托罗拉也就此走下神坛。

2007 年左右，码分多址（Code Division Multiple Access，CDMA）技术[3]大行其道。伴随着智能手机 iPhone 的出台，3G 网络火了起来，手机 APP 生态系统开始建立，乔布斯手握触控式屏幕的苹果一举成功打败了按键盘的诺基亚。

2013 年左右，正交频分多址（Orthogonal Frequency Division Multiple Access，OFDMA）技术[4]引发变局。4G 以更快的上网速度开创了移动互联网时代，我们用微信语音聊天，通过支付宝扫码付款，看短视频消遣娱乐，手机已成为我们生活中不可或缺的一部分。

短短几十年，依托着香农定理建立起来的通信技术和系统，时代无时无刻不在以更快的速度往前发展。如图 15-2 所示，2G 实现从 1G 的模拟时代走向数字时代；3G 实现从 2G 数字时代走向移动互联时代；现在，4G 又开始要从移动互联时代向 5G 万物互联时代迈进。

1　频分多址技术：把信道频带分割为若干更窄的互不相交的频带（称为子频带），再把每个子频带分给一个用户专用（称为地址）。

2　时分多址技术：一种为实现共享传输介质（一般是无线电领域）或者网络的通信技术。它允许多个用户在不同的时间片（时隙）来使用相同的频率。用户迅速地传输，一个接一个，每个用户使用他们自己的时间片。

3　码分多址技术：一种扩频多址数字式通信技术，通过独特的代码序列建立信道，可用于二代和三代无线通信中的任何一种协议。

4　正交频分多址技术：无线通信系统中的一种多重接取技术，通过它，用户可以选择信道条件较好的子通道进行数据传输，一组用户可以同时接入某一信道。

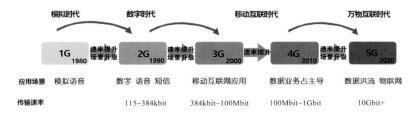

图 15-2　通信时代演变图

　　在更大的带宽，更高的传输速率之下，人们收获的不仅是更低的通信资费，还有更便捷的生活方式，以及更高效的生产效率。

　　那即将到来的 5G 又会给我们的生活带来怎样的改变？

　　5G 有以下三个基本特点。

　　（1）eMBB 大带宽：下载速率理论值将达到 10GB/s，将是当前 4G 上网速率的 10 倍。

　　（2）uRLLC 低延时：5G 的理论延时是 1ms，是 4G 延时的几十分之一，基本达到了准实时的水平。

　　（3）mMTC 广联接：5G 单通信小区可以连接的物联网终端数量理论值将达到百万级别，是 4G 的 10 倍以上。

　　届时，VR、AR、自动驾驶等应用跃跃欲试。5G 又是否会迎来人与物、物与物之间的通信，实现万物互联？

　　答案未知。当然，也有声音说别狂吹 5G 了，但无论如何，新的一轮信息技术革命即将来临。

　　不过，这一切仍然在香农公式的股掌之间。

结语
与 $E=mc^2$ 比肩的香农公式

　　《信息》的作者詹姆斯·格雷克曾说："将香农与爱因斯坦进行对比更有意义。爱因斯坦贡献突出，地位显赫。但我们并没有生活在相对论时代，而是生活在信息时代。正是香农，在我们所拥有的电子设备中，在我们注视的每一个计算机屏幕上，以及所有数字通信的方法中都留下了他的印迹。他是这样一个人：他改变了世界，而且在更改以后，旧世界已经被人们彻底遗忘。"

若从实用层面来说，詹姆斯·格雷克的话无疑令我们心服首肯。

单就香农公式，无论是 1G、2G、3G 还是 4G、5G，甚至是未来的 6G、7G，万变不离其宗，全部都在香农公式中寻找力量。这种改变人类生活面貌的伟大贡献，足以与爱因斯坦的 $E=mc^2$ 相提并论。

一切正如大卫·福尔内所称赞的：香农重新建造了一个全新的世界，从宙斯的额头开始。

16

布莱克 - 斯科尔斯方程：金融"巫师"

$$C = S \cdot N(d_1) - Xe^{-rr}N(d_2)$$

方程能定价期权，却无法预测人性。

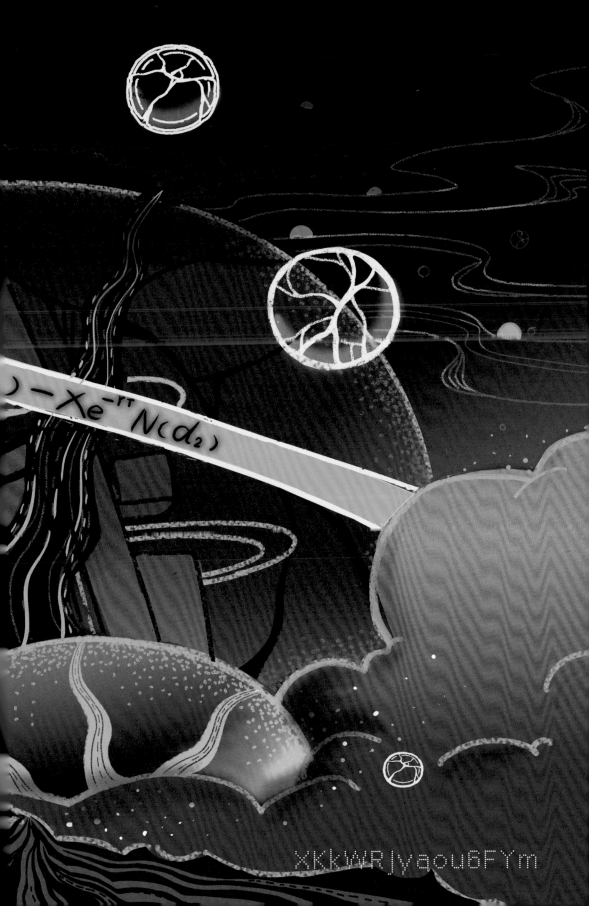

"我可以计算天体运行的轨迹，却没有办法计算人性的疯狂。"

牛顿买了大家都非常看好的英国南海公司股票，但最终由于泡沫破灭，官至皇家造币局局长的牛顿亏损2万英镑，为此发出以上这番感慨。

不过，20世纪的布莱克和斯科尔斯似乎有着不同的意见：经济没有那么复杂，关键在于是否关注数学而已。

这两位玩转风云的金融大师，对1966—1969年间期权交易数据进行分析后发表《期权定价和公司债务》一文，在1973年给出了期权定价公式，创造了一个堪称只有金融"巫师"才能发现的秘密。为表纪念，该公式以二人名字命名，即著名的布莱克－斯科尔斯公式。

该公式向世界证明，无论经济表面现象有多复杂，数学总能将这种复杂刻画出来。

后来，斯科尔斯和默顿又进一步发展了这一方程，为新兴衍生金融市场中包括股票、债券、货币、商品在内的衍生金融工具[1]的合理定价奠定了基础。

1 衍生金融工具：又称金融衍生产品，是与基础金融产品相对应的一个概念，如在货币、债券、股票等传统金融工具的基础上衍化和派生的，以杠杆和信用交易为特征的金融工具。

这个方程的崛起使全球金融衍生市场步入全盛时期，一个衍生工具的时代到来了。它创造出数十万亿金融衍生产品，并令美国金融行业升至社会所有行业的顶峰，甚至包括世界经济也因衍生市场的繁荣而焕然一新。

美国"第二次华尔街革命"也因该公式的诞生吹起了新生的号角，金融工程在经济学界破土而出，人称"数量分析专家"的新一代交易家成为华尔街最炙手可热的精英人才。

大批故步自封的传统投资银行江河日下，一家新的资本管理公司——LTCM（Long-Term Capital Management）开始崭露锋芒。

LTCM
华尔街的时代宠儿

关于布莱克－斯科尔斯方程的伟大应用，LTCM是最有发言权的，可以说，它是这一方程的最佳代言人。通过一丝不苟地执行布莱克－斯科尔斯方程套期理论，LTCM在整个金融界掀起一翻"腥风血雨"。

1994 年，长期资本管理公司 LTCM 创立，这是一家主要从事定息债务工具套利[1]活动的对冲基金[2]公司。LTCM 的创始人是被誉为能"点石成金"的华尔街"债券套利之父"梅里韦瑟，其早期曾就职于华尔街的著名投资银行所罗门兄弟公司债券部门，离开后创立了 LTCM。合伙人包括前美联储副主席莫林斯、默顿和斯科尔斯等。其中斯科尔斯和默顿都是经济学界的泰斗级大师，前者是布莱克－斯科尔斯方程的创始人之一，后者是公式的改进人，他们还获得了 1997 年的诺贝尔经济学奖。

这样一支号称"每平方英寸智商密度高于地球上任何其他地方"的梦之队，集结数学、金融、政客、交易员等诸多精英于一体，在成立之初就毫不费力地融资了 12.5 亿美元。

与传统债券交易员依赖经验和直觉不同的是，梅里韦瑟更相信数学天才的头脑和计算机里的模型，他认为数学模型是揭露债券市场秘密的最好利器。他曾经在所罗门公司组建了套利部，收罗了一批与别人格格不入的数学怪胎，这批最能赚钱的"赌徒"在华尔街赫赫有名。

而这一次，LTCM 掌门人梅里韦瑟依旧选用了数学模型作为投资法宝。

斯科尔斯和默顿两位金融工程方向的著名学者，将金融市场的历史交易资料、已有的市场理论和市场信息有机结合在一起，形成了一套较完整的计算机数学自动投资模型。

以"不同市场证券间不合理价差生灭自然性"为基础，LTCM 利用计算机处理大量历史数据，通过精密计算得到两个不同金融工具间的历史价差，并将其作为参考，再综合市场信息分析最新价差，当发现不正常市场价差时，计算机立即建立起庞大的债券和衍生性工具组合，进行套利。

套利建立在对冲操作上，所谓对冲，就是在交易和投资中，同时进行两笔行情相关、方向相反、数量相当、盈亏相抵的交易，用一定的成本去"冲掉"风险，来获取风险较低或无风险利润。LTCM 主要从事所谓"趋同交易"，即寻找相对于其他证券价格错配的证券，做多[3]低价的，沽空[4]高价的，并通过加杠杆的方式将小利润变成大收益。

1　套利：也称价差交易，指的是在买入或卖出某种电子交易合约的同时，卖出或买入相关的另一种合约。套利通常也指在某种实物资产或金融资产（在同一市场或不同市场）拥有两个价格的情况下，以较低的价格买进，较高的价格卖出，从而获取无风险收益。

2　对冲基金：采用对冲交易手段的基金，也称避险基金或套期保值基金，具体是指利用金融期货和金融期权等金融衍生工具进行盈利。

3　做多：一种金融市场术语，看好股票、外汇或期货未来的上涨前景而进行买入持有等待上涨获利。做多就是做多头，相信价格将上涨而买入某种金融工具，如股票、外汇或期货，期待涨价后高价卖出。

4　沽空：先借入标的资产，然后卖出获得现金，过一段时间之后，再支出现金买入标的资产归还。用做空投机是指预期未来行情下跌，则卖高买低，将手中借入的股票按目前价格卖出，待行情跌后买进再归还，获取差价利润。

例如，1996 年意大利、丹麦、希腊的政府债券价格被低估，而德国债券价格被高估，根据数学模型预测，意大利、丹麦、希腊的政府债券与德国债券的息差会随着欧元的启动而缩小，于是 LTCM 大量买入低价的意大利、丹麦、希腊的政府债券，卖空高价的德国债券。只要德国债券与意大利、丹麦、希腊的政府债券价格变化方向相同，当二者息差收窄时，就可以从中得到巨额收益。后来市场表现与 LTMC 的预测一致，在高财务杠杆下，资金收益被无限放大。

这样的对冲组合交易，LTCM 在同一时间持有二十多种，每一笔核心交易都有着数以百计的金融衍生合约作为支持。借助于复杂的数学估价模型，LTCM 很快在市场上赚得盆满钵满。

成立短短四年，LTCM 战绩赫赫，净资产增长速度极快，如图 16-1 所示，到了 1997 年年底，资本已达到了七十多亿美元。同时，每年的回报率平均超过 40%，1994 年收益率达到 28%，1995 年收益率高达 59%，1996 年收益率是 57%，即使在东亚金融危机发生的 1997 年，也依然斩获 25% 的收益率。

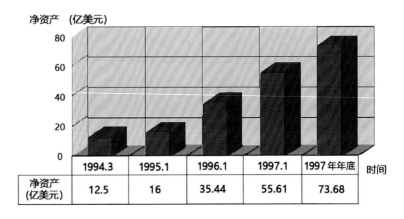

图 16-1 LTCM 净资产增长图

这一系列记录及合伙人的声望使投资人对 LTCM 情有独钟，贝尔斯登、所罗门美邦、信孚银行、JP 摩根、雷曼兄弟公司、大通曼哈顿银行、美林、摩根士丹利等华尔街各大银行都想成为投资者，以求能分得一杯羹。

至此，LTCM 如日中天。

B-S 模型
最"贵"的偏微分方程

LTCM 造就的财富神话，一度使人惊叹不已，他们几乎从无亏损，没有波动，这简直就像是没有风险。著名的金融学家夏普疑惑不解地问斯科尔斯："你们的风险在哪里？"

斯科尔斯也直挠头："没有人看到风险去哪里了。"

在 LTCM 的操作中，斯科尔斯他们始终遵循"市场中性"原则，即不从事任何单方面交易，仅以寻找套利空间为主，再通过对冲机制规避风险，使市场风险最小化。

在这一系列对冲组合的背后，隐藏着无数控制风险的金融衍生合约，以及错综复杂的数学估价模型。最初开创了金融衍生时代、催生出一大批新生代"数量分析师"的布莱克－斯科尔斯方程，在 LTCM 战无不胜、攻无不克的一路高歌中，可谓是立下了汗马功劳。

布莱克－斯科尔斯方程（Black-Scholes 期权定价模型）简称 B-S 模型，其思想来源于现代金融学中的一场"实践之旅"。

1952 年，芝加哥大学一名博士生马科维茨用一篇论文制造了现代金融学的大爆炸，人类历史上第一次清晰地用数学概念定义并解释了"风险"和"收益"两个概念，把收益率视为一个数学的随机变量，证券的期望收益是该随机变量的数学期望，而风险则可以用该随机变量的方差来表示。20 世纪 60 年代，马科维茨的学生夏普携手其他几人继续研究，进一步推导出期望收益率与相对风险程度之间的关系，这就是金融学中最著名的资本资产定价模型（Capital Asset Pricing Model，CAPM）。

布莱克的核心思想，就是在 CAPM 世界中寻找一个漂亮的衍生品定价模型。

从马科维茨开始，金融学就步入了一场理论与现实相结合的"实践之旅"，行为金融学日渐兴起，而 20 世纪 70 年代的"异端"布莱克，就在那个无套利分析法大放光彩的市场中，窥见了一套为金融衍

1 无套利定价法:其基本思路为构建两种投资组合,让其终值相等,则其现值一定相等;否则,就可以进行套利,即卖出现值较高的投资组合,买入现值较低的投资组合,并持有到期末,套利者就可赚取无风险收益。这样就可根据两种组合现值相等的关系求出远期价格。

2 看涨期权:期权是指一种合约,该合约赋予持有人在某一特定日期或该日之前的任何时间以固定价格购进或售出一种资产的权利。某只股票的看涨期权就是指以某个固定的执行价格在一定的期限内买入该证券的权利。

3 折现:将未来收入折算成等价的现值,该过程将一个未来值以一个折现率加以缩减。

4 MIT:麻省理工学院的英文简称,坐落于美国马萨诸塞州波士顿都市区剑桥市,是世界著名私立研究型大学。

生品投资行为量身定制的法宝。

无套利定价法[1]告诉我们,假设在一定的价格随机过程中,每一时刻都可通过股票和股票期权的适当组合对冲风险,使该组合变成无风险证券,这样就可以得到期权价格与股票价格之间的一个偏微分方程。只要解出这个偏微分方程,期权的价格也就随之而出。

布莱克和斯科尔斯两人借助于物理界的一个热运动随机方程,再把 f 定义为依赖于股票价格的衍生证券的价格,一鼓作气推出 B-S 偏微分方程,这个方程就藏着衍生证券的价格:

$$\frac{\partial f}{\partial t} + rS\frac{\partial f}{\partial S} + \frac{1}{2}\sigma^2 S^2 \frac{\partial^2 f}{\partial S^2} = rf$$

B-S 偏微分方程令布莱克和斯科尔斯着迷不已,但也令他们抓耳挠腮。在苦苦思索后,布莱克选择从欧式看涨期权[2]入手,将未来期望收益值进行折现[3],进一步解出看涨期权价格 c_t 为:

$$c_t = S_t N(d_1) - Xe^{-r(T-t)} N(d_2)$$

其中:

$$d_1 = \frac{\left[\ln\left(\frac{S_t}{X}\right) + \left(r + \frac{\sigma}{2}\right)(T-t)\right]}{\sigma(T-t)^{\frac{1}{2}}}$$

$$d_2 = d_1 - \sigma(T-t)\frac{1}{2}$$

式中, $N(x)$ 为标准正态变量的累积分布概率; x 服从 $N(0,1)$; T 为到期日; t 为当前定价日; $T-t$ 为定价日距到期日的时间; S_t 为定价日标的股票的价格; X 为看涨期权合同的执行价格; r 为按连续复利计算的无风险利率; σ 为标的股票价格的波动率。

有趣的是,同年,来自麻省理工学院(Massachusetts Institute of Technology,MIT)[4]的金融教授"期权之父"默顿也发现了同样的结论。

这三人相逢,便是一出高山流水的经典戏码,高手过招,惺惺相惜,碰撞出了更多期权思想的火花。谦逊的默顿一直等到布莱克模型公布后才发表自己的论文,甚至在后来还改进了模型,创造性地提出看跌期权[1]定价模型，扩大了公式的应用范围。

欧式看涨期权和看跌期权之间存在着一种平价关系：

$$c + Xe^{-r(T-t)} = p + S$$

将这种平价关系同标准正态分布函数的特性结合起来，即 $N(x) - N(-x) = 1$，就可以得到欧式看跌期权的定价公式：$P_t = -S_t[1 - N(d_1)] + Xe^{-r(T-t)}[1 - N(d_2)]$。

B-S 模型刚推出之时，曾因完全脱离了经济学一般均衡的框架而被主流经济期刊视为"异端"而不予接收。不少经济学家大惊失色，怎么可以直接用无套利的方法给证券定价？但与模型定价惊人吻合的市场数据，让华尔街欣喜若狂。

这一模型十分有效，是经济学中应用最频繁的一个数学公式，但要使其奏效，还需满足一些复杂的假设。

（1）证券价格 S 遵循几何布朗运动（Geometric Brownian Motion，GBM）[2]，即 $dS = \mu S dt + \sigma S dz$。

股价遵循几何布朗运动，意味着股价是连续的，它本身服从对数正态分布，资产预期收益率 μ、证券价格波动的标准差 σ 为常数。在 B-S 期权定价公式中，受制于主观因素的 μ 并未出现，这似乎在告诉我们，不管你的主观风险收益偏好怎么样，都对衍生证券的价格没有影响。

这其中，恰恰蕴含着风险中性定价的思想，在风险中性的条件下，所有证券的预期收益率都等于无风险利率。几何布朗运动的假设保证了股价为正（对数定义域大于 0）、股价波动率、股票连续复利收益率服从钟形分布，这与实际股市数据也是较为一致的。

（2）有效期内，无风险利率 r 为一个常数。无风险利率 r 是一种理想的投资收益，通常指国债一类没有风险的利率，到期不仅能收回本金，还能获得一笔稳定的利息收入。

（3）标的证券没有现金收益支付，如有效期内的股票期权，标的股票不支付股利。

（4）期权为欧式期权。欧式期权的买方不能在到期日前行使权利；而与之对应，美式期权的买方可以在到期日前或任一交易日提出执行要求。

（5）市场无摩擦，即不存在交易费用和税收，如印花税[3]，以及所有证券交易都完全可分，投资者可以购买任意数量标的资产，如

1 看跌期权：也称卖出期权，期权交易的种类之一，是指在将来某一天或一定时期内，按规定的价格和数量卖出某种有价证券的权利。如果未来基础资产的市场价格下跌至低于期权约定的价格（执行价格），看跌期权的买方就可以以执行价格（高于当时市场价格的价格）卖出基础资产而获利。

2 几何布朗运动：又称指数布朗运动，是连续时间情况下的随机过程，其中随机变量的对数遵循布朗运动。几何布朗运动在金融数学中有所应用，用来在布莱克-斯科尔斯定价模型中模仿股票价格。

3 印花税：对经济活动和经济交往中书立、领受具有法律效力的凭证的行为所征收的一种税。

100 股、10 股、1 股、0.1 股等。

（6）证券交易是连续的。

（7）市场不存在无风险套利机会，即"天下没有免费的午餐"，不存在不承受风险就获利这样的投资机会，想获得更高的收益就得承受更大的风险。

（8）卖空不受任何限制（如不设保证金），卖空所得资金可由投资者自由使用。

马科维茨的投资组合理论在金融学中画下了最基本的风险－收益框架。如果说"第一次华尔街革命"的爆发使现代投资证券业开始成为一个独立产业，那么布莱克－斯科尔斯方程则是"第二次华尔街革命"。金融衍生市场从此步入繁荣期，行为金融学为对冲基金的崛起提供了有力的支持，金融学和金融实践的融合交错，现代金融因此迅速发展。

站在时代浪潮之上，"数量分析专家"更是借助 B-S 模型创造出数十万亿金融衍生产品，全球经济财富指数级上升，美国金融行业一度升至社会所有行业的顶峰。可以说，这个公式，当之无愧为史上最"贵"的偏微分方程。

天使还是恶魔
银行大厦一夜将倾

B-S 模型与现实数据的惊人吻合，使人们对这样一个简单有效的定价工具痴迷不已。

尤其随着巨额收益的日渐膨胀，许多银行家和交易员在欣喜若狂中也把这个方程当成了一种对冲风险的法宝。

借助于 B-S 模型，以梅里韦瑟为首的"梦幻组合"也成了金融舞台上最耀眼的明星。这群人沉浸于巨大杠杆财富的胜利喜悦中。

然而，风险仍然存在，它们隐而不发，伺机而动。1997 年，亚洲金融危机爆发，风险呼啸而至，直接砸向了那群骄傲得不可一世的人，将他们无情吞噬。

压倒他们的最后一根稻草，是来自 1998 年 8 月 17 日俄罗斯的债务违约。

这个世界没有绝对的赢家，数学之外，还有人性。

此后，巨星陨落，财神从神坛跌入尘埃。

1998 年上半年，LTCM 亏损 14%。

1998 年 9 月初，资本金从年初的 48 亿美元掉落到 23 亿美元，缩水超过一半。

从 5 月俄罗斯金融风暴到 9 月全面溃败，资产净值下降 90%，LTCM 出现 43 亿美元巨额亏损，仅余 5 亿美元，已走到破产边缘。噩耗传来，一切都无力回天，回头望去，LTCM 曾经的获利法宝，这一次却变为恶魔。

LTCM 主要靠两大法宝获利，即数学模型和杠杆对冲交易。

在斯科尔斯和默顿的手中，所有的市场数据都被收入计算机数学模型之中，可以通过精确计算控制风险。一旦市场存在错误定价，他们就可以建立起庞大的债券及衍生产品的投资组合，进行套利投机活动。

然而他们忽略了，那个为金融衍生品交易定下基调的 B-S 模型本身存在着的风险。

在 LTCM 的投资组合中，金融衍生产品占有很大的比例，但在 B-S 的期权定价公式中，暗含着这样的假设。

（1）交易是连续不断进行的。

（2）市场符合正态分布。

交易连续意味着市场不会出现较大的价格和行市跳跃，可以动态调整持仓来控制风险。基于这个假设及大数定律，我们很容易发现风险因子的变化符合正态分布或类正态分布。

这是很多定价模型的基本假设，但事实并非如此。

市场并不是连续的，也根本不存在足够的交易来时刻保持风险动态平衡，很多无套利定价模型在这类假设下存在缺陷。历史上出现过很多次跳变现象，市场跳变显示出市场并不符合正态分布，存在厚尾现象。而在 B-S 期权定价公式中，d_1 和 d_2 作为一种非线性情况的线性风险估值，在价格剧烈变动的情况下同样失去了衡量风险的意义。当系统风险改变的时候，金融衍生工具的定价是具有不可估量性的，远非一个公式可驾驭。

除此之外，在 LTCM 的数学模型中，它的假设前提和计算结果都是在历史数据的基础上得出的，但是历史数据的统计过程往往会忽略一些概率很小的事件。这些事件一旦发生，将会改变整个系统的风险，造成致命打击，这在统计学上称为厚尾效应，如图 16-2 所示。

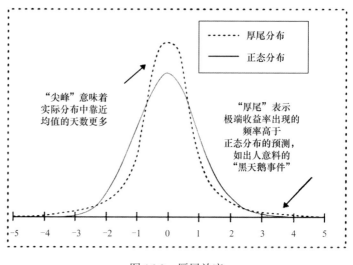

图 16-2　厚尾效应

1998 年俄罗斯的金融风暴就是这样的小概率事件，而 LTCM 就是被这根稻草压死的。

倘若 LTCM 的"阴沟里翻船"是一场失败的风险管理，数学模型的缺陷使它增加系统风险，那它的另一获利法宝——杠杆对冲交易就埋藏着信用风险[1] 和流动风险[2]。

LTCM 想要借数学模型之手寻找常人难以发现的套利机会，为了达到这一目的，他们选择了对冲交易，而为了放大收益，他们用了高杠杆。

LTCM 利用从投资者处筹得的 22 亿美元资本作抵押，买入价值 1250 亿美元证券，然后以证券作为抵押，进行总值 12500 亿美元的其他金融交易，杠杆比率高达 568 倍。

高杠杆比率是 LTCM 追求高回报率的必然结果，也是一把双刃剑。

对冲交易的作用建立在投资组合中两种证券的价格正相关的基础上，但如果正相关的前提发生改变，逆转为负相关，对冲就变成了一

1　信用风险：又称违约风险，是指借款人、证券发行人或交易对方因种种原因，不愿或无力履行合同条件而构成违约，使银行、投资者或交易对方遭受损失的可能性。

2　流动性风险：金融银行术语之一，指商业银行虽然有清偿能力，但无法及时获得充足资金或无法以合理成本及时获得充足资金以应对资产增长或支付到期债务的风险。

种高风险的交易策略，或两头亏损，或盈利甚丰。在高杠杆比率下，对冲盈利和亏损都可以暴增，负相关的小概率事件一发生，尾部风险带来的亏损足以让整个 LTCM 陷入万劫不复的境地，一着不慎，满盘皆输。

1998 年 8 月 17 日，俄罗斯宣布债务违约，全球投资遭遇危机。

随之而来的就是全球市场开始暴跌，投资者不惜一切代价抛售手中债券。俄罗斯的破产让很多国际大银行遭受损失，它们连夜召开紧急会议，要出售资产套现。

在这个惨淡的市场中，高杠杆比率要求 LTCM 拥有足够的现金，满足保证金需求。LTCM 曾经笃信哪怕市场因小概率事件偏离了轨道，也会回归到正常水平，所以 LTCM 没有预留足够的现金，它面临着被赶出"赌场"的危险，流动性不足把它推向了悬崖边缘。

最后，利用历史数据预测证券价格相关性的数学模型也失灵了。LTCM 所沽空的德国债券价格上涨，它所做多的意大利债券等证券价格下跌，对冲交易赖以生存的正相关变为负相关，高杠杆下的 LTCM 一切资产犹如打了水漂，通通血本无归。

结语
数学无法预测人性

1998 年 9 月 23 日，美联储召集各大金融机构的头目，以美林、摩根大通银行为首的 15 家国际性金融机构注资 37.25 亿美元购买了 LTCM 90% 的股权，共同接管了 LTCM。2000 年，该基金走向了倒闭清算的覆灭之路。

风云变幻的市场就像一个喜欢恶作剧的孩子，LTCM 的转瞬直下，使人们从投机市场中的美梦中惊醒，世上原来并不存在完美的数学模型法宝，任何分析方法都有瑕疵。

在自由化全球金融体系下，LTCM 是数学金融的受益者，数学模型日益复杂，资本不受限制地自由流动，使对冲基金能够呼风唤雨、攫取利润，可这也成了它的坟墓。

布莱克－斯科尔斯方程作为投资人的圣杯，开创了衍生工具的新时代，催生了巨大的全球金融产业。但衍生工具不是钱或者商品，它们是对投资的投资，对预期的预期，其造就了世界经济的繁荣，也带来了市场动荡，信用紧缩，导致银行体系近于崩溃，经济暴跌。

然而，方程本身没有问题，数学准确并且有用，限制条件也交代得很清楚。它提供了用于评估金融衍生产品价值的行业标准，让金融衍生产品成为可以独立交易的商品。如果方程得到合理使用，在市场条件不合适情况下严禁使用，结果会很好。

但问题是总有人滥用它。市场中的一些不完美因素将使权证的价格偏离 B-S 模型计算的理论值，包括交易不能连续、存在避险成本和交易费用等。杠杆作用使金融衍生工具过度投机，贪婪使其违背了投资初衷，成了一场不断膨胀的泡沫赌博。金融业内，人们称 B-S 方程为"米达斯方程"，认为它有把任何东西变成黄金的魔力，但市场忘了米达斯国王[1]的结局。

B-S 方程能定价期权，却无法预测人性，这与牛顿的感慨如此类似。数学可以计算经济运行的轨迹，却没有办法计算人性的疯狂。

1 米达斯国王：希腊神话中的一个国王，热衷于金钱，神赐予了他点石成金的能力，最终他却不幸地将自己最爱的女儿变成了金人。

17

枪械：弹道里的"技术哲学"

$$BC = \frac{d}{8000 \times Ln(\frac{v_1}{v_2})}$$

子弹穿过大脑的瞬间，意识活动就会戛然而止。

想象面前有一把上了膛的枪，黑洞洞的枪口正抵着你的太阳穴，那是什么感觉？

冰冷，太阳穴处异常冰冷。这股冰冷以迅雷不及掩耳之势，直接麻木了全身上下一百多亿个神经细胞，以致大脑无法动弹，意识不清，无法给身体发出指令，只能一动不动地杵在原地，仿佛自己变成了一座冰雕。

你眼角颤动，感觉那弹头即将飞射而出，它却迟迟未有动静。其实现实仅仅过去几秒，对你而言，却仿佛过去了几个世纪。千万种念头飞逝而过，往事涌上心头，你有点恍神，灵魂深处的恐惧让你仿佛看到了自己的结局。

终于，握枪之人冷漠地扣下扳机，射出了那一发绝命子弹。

但现实中枪械直射脑门的痛感是否真是如此呢？

以一颗北约 7.62mm × 51mm 子弹为例

一般手枪的子弹离枪速度超过 300m/s，以北约 7.62mm×51mm[1]为例（7.62mm 表示子弹的口径，51mm 表示弹壳的长度），该子弹可以在 100m 内贯穿 6mm 厚的匀质钢板。

如果子弹进入头部，由于弹头的特殊设计，会立刻产生重心偏移，迅速翻滚并把脑部组织结构往前推，使脑部神经组织不断拉伸，直到超出极限，最终导致组织撕裂。加上子弹在大脑中的穿行速度比组织撕裂的速度快，所以子弹是可以在毫秒甚至微秒内把人的大片神经元杀死的。结果是大脑神经元来不及传递痛觉信号这一最后的告别哀鸣，人就已经直接殒命。

当子弹穿过前额叶皮层[2]时，人的注意力、思考力及处理信息的能力会消失；当子弹穿过丘脑[3]时，人的意识变模糊；当子弹穿过颞

1　北约弹：北大西洋公约组织标准子弹。北约弹有 5.56mm、7.62mm、12.7mm 三种型号，一般指 7.62mm×51mm 口径步枪弹。因为每个北约国家都有自己的枪支制式，而北约是一个军事联盟组织，所以枪支的通用性非常重要。

2　前额叶皮层：人类大脑高级功能的关键组成部分，堪称人脑的"中央处理器"。前额叶皮层主要参与记忆形成、短期储存及调取功能、语言功能、认知能力、行为决策、情绪的调节等。

3　丘脑：大脑皮层不发达的动物的感觉的最高级中枢，也是大脑皮层发达的动物最重要的感觉传导接替站。来自全身各种感觉的传导通路（除嗅觉外）均在丘脑内更换神经元，然后投射到大脑皮质。

叶（niè yè）[1]时，人的感知觉不复存在；当子弹穿过海马体[2]时，人所有的记忆将被清零；当子弹从大脑射出时，人的大脑里面会形成一条空腔……

枪械里的弹道方程

为什么子弹进入大脑时会瞬间让人失去意识？这需要了解一颗子弹的构成和它完整的发射流程，以及它里面所隐藏的数学原理。

子弹一般由弹丸、药筒、发射药、火帽（底火[3]）四部分组成，如图 17-1 所示。

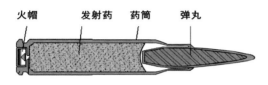

火帽　　发射药　　药筒　　弹丸

图 17-1　子弹结构图

当一颗接受神圣使命的子弹发射时，兢兢业业的射击助手会将火帽激发。然后，火帽会在一瞬间迅速燃烧并引爆弹壳内的发射药，同时产生高温和高压，将弹丸从枪筒内挤出。这时的弹丸在高压的推动下向前高速移动，受到膛线[4]的挤压，产生旋转，最终被推出弹膛，进入决一胜负的时刻。

从弹道学[5]角度看，子弹的发射流程可被精细划分为四个阶段，如图 17-2 所示。弹丸从被击发到离开枪管的阶段称为内弹道，弹丸穿越膛口流场的阶段称为中间弹道，弹丸离开身管后到击中物体前的飞行阶段称为外弹道，弹丸击中目标及进入目标的阶段称为终点弹道。

3　底火：配用于枪弹，体积比较小，安装在枪弹药筒底部，由输入的机械能或电能刺激发火，用于点燃枪弹发射药药的部件，有些国家也称为火帽。枪弹底火是枪弹的一个重要部件，其结构比较简单，使用时一般直接压入枪弹药筒的底部。

4　膛线：又名来复线。由于其截面形状类似风车，因此又称风车线。膛线可以说是枪管的灵魂，其作用在于赋予弹头旋转的能力，使弹头在出膛之后，仍能保持既定的方向。

5　弹道学：研究弹头运动的学问，又分膛内弹道学、膛外弹道学和终端弹道学。膛内弹道学研究弹头在枪管内运动的情形；膛外弹道学研究弹头离开枪口在空中飞行的运动情形；终端弹道学研究弹头击中目标后的运动情形，有时又称为伤害弹道学。

1　颞叶：位于外侧裂下方，由颞上沟和颞下沟分为颞上回、颞中回、颞下回。隐在外侧裂内的是颞横回。在颞叶的侧面和底面，在颞下沟和侧副裂间为梭状回，侧副裂与海马裂之间为海马回，围绕海马裂前端的钩状部分称为海马沟回。颞叶负责处理听觉信息，也与记忆和情感有关。

2　海马体：又名海马回、海马区、大脑海马。海马体位于大脑丘脑和内侧颞叶之间，属于边缘系统的一部分，主要负责长时记忆的存储转换和定向等功能。

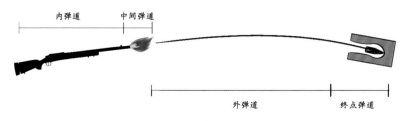

图 17-2　子弹发射流程阶段划分

外弹道是弹丸成功按照既定轨迹完成致命一击的关键。弹丸出膛后，由于引力作用，飞行轨迹总是向下弯曲，形成一条近似抛物线的曲线，但这条曲线总是变幻莫测，因为飞行过程受到空气阻力影响，速度越来越慢，飞行姿态也会随之不断改变，反过来又改变了阻力，这给人们掌握弹丸的运动规律带来了很大的困难。

在这种情况下，弹道系数（Ballistic Coefficient，BC）应运而生。弹道系数是一个用来衡量弹丸克服空气阻力、维持飞行速度的能力的数学因子，反映了子弹抵抗阻力，保持飞行速度的一个特征量，根据它可以推算各个距离上子弹的瞬时速度。

对于射手而言，通过弹道系数对比，可以大致了解某种子弹的性能如何，特别是远距离射击时的精度、速度和存能情况，这是挑选子弹的重要参考，也是远距离瞄准的基本参数。如图 17-3 所示，我们可以看到不同的弹丸在飞行中速度衰减量不同，因而弹道的下落高度也不同。

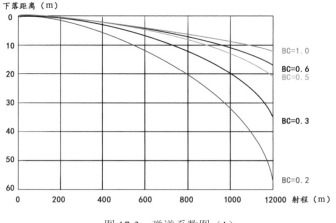

图 17-3　弹道系数图（1）

图 17-4 则是弹道系数图的另一种表述方式，通过它可以看到不同弹丸飞到一定距离的用时。

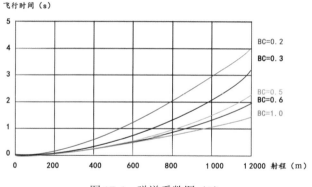

图 17-4　弹道系数图（2）

1　G1 系列：在北美使用最广泛的一个系列。如果没有特殊说明，弹道系数都是指 G1 系列。弹药制造商所提供的也是 G1 系数居多，部分远程狙击弹会使用 G7 系数。

假设一种理想子弹，其弹道系数是 1，其他子弹与它的比值就是这种子弹的 BC 值。BC 值越高，弹丸飞行的阻力越小，线性也就越理想。其中，G1 系列[1] 是弹道系数中最常用、最基本的 个系列。

一般来说，BC 的准确值由"实验 + 推算"获得，计算很简单，但一定要对公式了如指掌，如下所示：

$$BC = \frac{d}{8000 \times \ln\left(\dfrac{V_0}{V_d}\right)}$$

式中，d 为水平距离；ln 为自然对数；V_0 为初速度；V_d 为距离 d 处的速度。

2　修正：调整十字线的位置，使十字线中心与子弹命中点重合。瞄准镜的调整手轮有刻度，刻度的单位是 MOA，1MOA 约等于 100 码外 1 英寸高的夹角。1°=60MOA，一个 360° 的圆周 =21600MOA。

但是，弹道系数并不是一成不变的，在不同的气温气压下要做出相应的修正[2]，根据气温、气压修正后的 BC 公式为 $BC_C = T_C \times P_C \times BC$，即修正后的弹道系数 = 温度修正系数 × 气压修正系数 ×G1 弹道系数。

需要注意的是，G1 弹道系数的运用还必须遵循一定标准。例如，标准气象条件是"气压 1 bar（100000 Pa）""标准气温 59°F（15℃）""相对湿度 78%"，温度修正系数（实地气温 + 273.15℃）/（标准气温 15℃ +273.15℃）和气压修正系数 P_C= 标准气压 / 实地气压。

3　M24 狙击步枪：口径 7.62mm×51mmNATO，发射 M118LR 远程弹，弹头重 11.34g，初速度为 798m/s，最大射程为 3915m，对应的枪口仰角是 20°01′59″，弹头飞行时间为 21.11s。

具体举个例子，M24 狙击步枪[3] 和 M40 狙击步枪[4] 使用的 M118LR 远程弹，其测定的 G1 系数是 0.496。如果在 5℃，气压 690mm Hg 的环境下使用，则修正后的弹道系数为：

$$T_C = \frac{5℃ + 273.15℃}{15℃ + 273.15℃} \approx 0.965$$

4　M40 狙击步枪：雷明顿 700 步枪的衍生型之一。1966 年，越战开始装备美国海军陆战队，也是美军其制式狙击步枪。M40 有三种改进型，1977 年的 M40A1、1980 年的 M40A1 及 2001 年的 M40A3。

$$P_C = \frac{750\text{mmHg}}{690\text{mmHg}} \approx 1.087$$

$$BC_C = T_C \times P_C \times BC = 0.965 \times 1.087 \times 0.496 \approx 0.520$$

尽管 0.496 和 0.520 仅仅相差 0.024，看似微不足道，却能够直接左右生死。

晋朝的郭璞在《葬书》中言："微妙在智，触类而长，玄通阴了，巧夺造化。"自 1881 年，德国克鲁伯公司致力于研究这"糖衣炮弹"里的"独门暗器"后，掌握了弹道系数的射手就犹如通晓了子弹的玄机。

虽然扳动枪械的手指可能只用了 0.5s，但撬动的是人类一百多年的科学结晶。

冷兵器时代的终结者

16 世纪，燧发枪的出现大大简化了射击过程，提高了发火率和射击精度，热兵器时代终于来临。

在很多人看来，枪械带来的是更迅捷的杀戮，是科学技术的负面典型。但如果细细思量，枪械实则在为现代文明保驾护航。

自旧石器时代，人类发现和使用火后，从此开启冷兵器时代。

波斯人征服埃及，罗马人征服古希腊，多少灿烂文明毁于一旦，就连人类历史上最伟大的科学家阿基米德都惨死于一个无知蛮横的罗马士兵之手。这可不是单个民族的个体损失，而是全人类的集体损失。

直到工业革命时期，枪炮的使用终结这一切。枪械中所蕴含的科技力量，彻底改变了冷兵器时代的战争模式。野蛮武力不再具有威慑力，决定战争胜负的是科技实力。

枪械面前人人平等

以美国为例，美国人使用枪的历史比美国建国还要早。早在殖民地时期，枪械就是新大陆移民必不可少的装备。

自 16 世纪起，从欧洲漂洋过海来到北美的移民们，不仅要抵御野兽，还要和印第安人对抗。同时，殖民地居民来自欧洲不同地区，宗教信仰各异，也不时爆发冲突，加之欧洲列强为争夺地盘相互厮杀，整个北美鸡犬不宁。为乱世求存，枪械成了保障人身安全的必需品，普通民众即使面对最强壮的盗匪时也能有平等对抗的底气。

这种必需品观念一直延续至今，美国权利法案的第二条明确规定："组织良好的民兵队伍，对于一个自由国家的安全是必需的，人民拥有和携带武器的权利不可侵犯。"

因此，现在我们还会看到类似"一名亚裔女子挥枪独战三名持枪劫匪"这样的新闻，当一名文弱女子不幸遭遇三名彪悍歹徒抢劫，报警无法得到及时援助时，枪无疑是弱者抵抗暴力的最有力武器。

除了与人对抗外，对于地广人稀的美国西部农场的农场主而言，枪械还有别的用处。美国广袤的土地已为畜牧业提供了基础，发达的现代化农业科技也减少了农业生产过程中对于人力的依赖。所以，美国西部农场主面临的最大问题并不是土地和人力，而是狼群。这些狼群常会在夜深人静之时袭击牧场中的牛羊，为了在人迹罕至的草原上保护自己的利益，枪械就是他们必备的装备，毕竟美国警官常远水救不了近火。于是，在夜幕降临时，美国西部农场主们常会回到自己瞭望牧场的高台上，准备好高倍镜、夜视仪，以及一把狙击步枪，然后开始等待狼群的出没。

为保障人民持枪的自由，使弱者具有自卫的能力，美国同时也付出了惨痛代价 —— 犯罪率一直居高不下，恶性案件层出不穷。毕竟，面对那些疯狂的非理性持枪者，谁又能控制住他们手中的扳机？

这不是一个技术难题，而是一个哲学难题。这不仅是美国的问题，也是一个世界性难题。

"枪口抬高 3cm" 合理吗？

有一个故事广为流传，至今仍为人们津津乐道：1992 年德国统一之后，曾经守护柏林墙、向翻墙民众开枪的卫兵因格·亨利奇受到审判。在柏林墙倒塌前，他射杀了一名为了自由企图翻墙而过的青年格弗罗伊。

亨利奇的律师辩护称，卫兵仅仅是执行命令，别无选择，罪不在己。然而法官西奥多·赛德尔并不这么认为："作为警察，不执行命令是有罪的，但打不准是无罪的。作为一个心智健全的人，此时此刻，你有把枪口抬高3cm的主权，这是你应主动承担的良心义务。这个世界，在法律之外还有良知。当法律和良知冲突时，良知是最高的行为准则，而不是法律。尊重生命，是一个放之四海而皆准的原则。"

最终，卫兵因格·亨利奇因蓄意射杀格弗罗伊被判三年半徒刑，且不予保释。

这个故事虽然听起来大快人心，但我们单从技术的角度来谈谈这种操作是否合理。如果枪口抬高3cm，可能确实不会直接击穿决定生死的脑干，而是击中脑前额叶。脑前额叶这个区域的功能和逻辑思维十分密切，人的高级思维活动基本集中在这里。也就是说，脑前额叶受损，人的思维能力会丧失。所以，如果子弹没有击中致命处，带来的痛苦比直接死亡要可怕得多。

结语
远离枪械，珍爱生命

让我们回到故事的开头，当黑洞洞的枪口抵着自己的太阳穴时，虽然枪里的那颗子弹在告诉你，如果由它来主宰你的命运，你会很轻松地度过最后的时刻。但是，我们必须要指出：世上爆头幸存者的案例记录并非寥寥可数，生还者大多痛苦余生。

所以，"饮弹止渴"并非明智的选择，还是紧紧抓住时间的尾巴，珍爱生命！

18

胡克定律：机械表的心脏

$$F = -kx$$

方寸之间内的"表里乾坤"，自有天地。

论精确，机械表远不如电子表，号称表中贵族的劳力士也存在±2s的平均日差。

然而，一只双追针万年历的机械表可以拍下295万欧元的天价，足以在瑞士中心区买下一套中等大小的房。

为什么会有这样的事情发生？它后面的商业逻辑是什么？

因为，机械表具有极高的收藏价值，每一块机械表都是工业时代的智慧结晶。

当你把它放到耳边，嘀嗒嘀嗒，擒纵机构在清晰可闻地工作，那是时间流逝的声音，也是工业时代的回响。透过背透，齿轮精密地咬合、转动，昼夜不停，充盈着一种极致的美感，那是时间流逝的模样。

不到0.007m²的空间，有20种复杂结构、1366个机芯组件、214个表壳零件。机械表小小的宇宙中暗藏着百年智慧，精密程度超越人类的想象。短短数百年的机械表历史，人类一直对机械的协调与完美进行无限追求。

齿轮间的联动，铜铁上闪耀的光泽，势能与动能的转换，机械在工人手中玩转自如，革命的火种在燃烧……

表的沉浮
工业革命的缩影

中国有一个传统相声，名叫《夸住宅》，里面有一串台词：

"你爸爸戴表上谱，腰里系个褡包从左边戴起：要带浪琴[1]、欧美咖（OMEGA）[2]、爱尔近[3]、埋个那、金壳套、银壳套、铜壳套、铁壳套、金三针、银三针、乌利文、亨得利、人头狗、把儿上弦、双卡子、单卡子、有威、利威、播威、博地。"

从牌子到材质，基本都是钟表圈的行话。

相声源于清末民初，鸦片战争的炮火轰开了清政府闭关锁国的大门，通商口岸的开放使西方工业革命的果实进入中国，怀表也在那时成了国人的奢侈品之一。

1 浪琴：钟表品牌，于1832年在瑞士索伊米亚创立，世界锦标赛的计时器及国际联合会的合作伙伴。浪琴表世家以飞翼沙漏为徽标，业务遍布全球多个国家。

2 欧美咖：又名欧米茄，瑞士著名钟表制造商，英文名OMEGA，以希腊字母Ω命名，由路易士·勃兰特（Louis Brandt）创始于1848年。

3 爱尔近：埃尔金手表，创立于1864年的美国，本为国际手表公司，在第二次世界大战期间改行做战备产品，之后此品牌出售给中国一个钟表商，1964年后再没有消息。

从古巴比伦王国的日晷[1]到14世纪欧洲的钟楼，再到15世纪德法相继出现发条钟，意大利人发现了摆钟[2]原理。一直到18世纪的工业革命，机械表开始在西方盛行。

这块现在看来并不显眼的手表，却与伟大的工业革命有着千丝万缕的联系，推动那场爆发于棉纺织业的工业革命的底层工人，不少都曾是钟表匠。例如，发明了半自动"飞梭[3]"的钟表工人约翰·凯伊，要知道"飞梭"可是催生出了珍妮纺织机，后者直接被称为第一次工业革命的开端。还有发明了新型水力纺纱机的"近代工厂之父"阿克莱特，以及最为大众熟知的蒸汽机的改良者瓦特，都曾维修过钟表。

钟表是世界上最精密的仪器，每一位钟表匠都是顶尖的工程师。从设计构思、机芯制作，到打磨抛光、镂刻漆绘、珠宝镶嵌，以及最后的组装，耗时数年之久，是当时世界上最巧夺天工的技术。

这样一个貌似只需手艺活的机械表，究竟有着什么魅力，被全世界誉为"最精密的仪器"？

来看看它的结构，如图18-1所示。

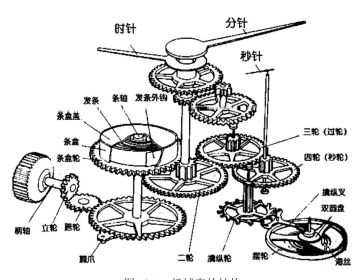

图18-1　机械表的结构

我们现在所说的机械表通常指的是腕表，腕表不是一开始就有的，而是经过了漫长的时间演化。但无论哪种，结构都大同小异，总体上可划分为五大系。

（1）指针系：由秒针、分针、时针组成。

（2）上条拨针系：由使用手表的人通过表壳外侧的柄头部件来

1　日晷：本义是指太阳的影子。现代的日晷指的是人类古代利用日影测得时刻的一种计时仪器。其原理就是利用太阳的投影方向来测定并划分时刻，通常由晷针（表）和晷面（带刻度的表座）组成。

2　摆钟：一种时钟，发明于1657年，根据单摆定律制造，用摆锤控制其他机件，使钟走得快慢均匀，一般能报点，要用发条来提供能量使其摆动。

3　飞梭：安装在滑槽里带有小轮的梭子，滑槽两端装上弹簧，使梭子可以极快地来回穿行。飞梭于1733年被钟表匠约翰·凯伊发明，大大提高了织布效率，也刺激了对棉纱的需求。

实现手工卷紧发条，将外力传递给原动机构。发条上紧，产生势能，使机械手表的转动有了动力。

（3）原动系：由条盒轮、条轴、发条等原件组成，是手表工作的能源部分。原动系补充整个机构的阻力消耗，推动各齿轮的转动，其中发条带动摆轮不断摆动。

（4）传动系：由中心轮、过轮、秒轮等组成，是将发动力传动至擒纵轮的一组传动齿轮，将原动系的力矩传动给擒纵调速系，并带动指针系。

（5）擒纵调速系：由擒纵机构和调速机构（振动系统）两部分组成。擒纵机构由擒纵轮、擒纵叉、双圆盘等部件组成。调速机构包括摆轮部件、游丝部系、快慢针和活动外桩等部件。

一块机械表，五大系统，足以看出工作量之浩大、做工之复杂。

很难想象，人们是如何在漫长的钟表演变中发明出各种各样的擒纵机构和调速机构，酝酿出一场震惊后人的技术革命的。

18 世纪，在最早燃起革命之火的英国，工业发展速度最快，机械表产量达每年 20 万只，约占欧洲机械表总产量的一半。到了 19 世纪，随着劳动生产率的提高，技术进步与精密分工使钟表零件逐步标准化，制表业更是成了工业翘楚。一块表的沉浮，也就是一场工业革命的缩影。

一擒一纵
机械表之运行

"嘀嗒嘀嗒"，我们或许都听过钟表的这种声音。

这声音来自机械表中的擒纵机构。那是擒纵机构"锁定"齿轮时，齿轮突然停止时发出的声音，锁定与释放，一擒一纵，为机械表注入了运行的灵魂。

擒纵机构是机械钟表中传递能量的开关装置，介于传动系（二轮到四轮）和调速机构（摆轮与游丝）之间，和调速机构一起构成了"五大系"之一的擒纵调速系。

"五大系"有条不紊地运作，形成了由发条（原动系）→二轮（中心轮）→三轮（过轮）→四轮（秒轮）→擒纵轮→马仔[1]（擒纵叉）→摆轮，然后摆轮的反作用力将马仔弹回原位的一种简谐运动[2]，原理如图18-2所示。

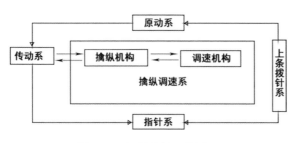

图18-2　机械表的工作原理

"五大系"中，擒纵机构所在的擒纵调速系就是机械表的核心。

从字面上就很好理解它在机械表中所扮演的角色，"一擒，一纵；一收，一放；一开，一关"。

一擒，将主传动的运动锁定（擒住），此时，钟表的主传动链是锁定的。

一纵，以振荡系统的一部分势能开启（放开）主传动链运动，同时从主传动链中取回一定的能量以维持振荡系统的工作。

擒纵机构由擒纵轮、擒纵叉、双圆盘等部件组成，擒纵轮带动擒纵叉一擒一纵，锁接、传冲、释放、跌落、牵引，一系列动作如行云流水，一气呵成。它们再将动力传输给摆轮，由摆轮完成时间的分配，达到调速的作用，如图18-3所示。

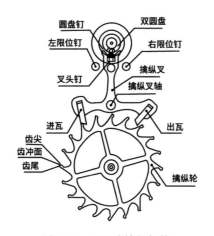

图18-3　叉瓦式擒纵机构

1　马仔：钟表行业用语，指机械表中的擒纵叉，用于摆轮和擒纵轮之间，主要用于控制机械表中秒针走动。

2　简谐运动：又称简谐振动，简谐运动是最基本也最简单的机械振动。当某物体进行简谐运动时，物体所受的力与位移成正比，并且总是指向平衡位置。它是一种由自身系统性质决定的周期性运动。

18

胡克定律：机械表的心脏

一收一放，动作简单，却是机械表的灵魂。

究其原因，还有两个至关重要的作用也不容忽视：第一，擒纵机构将原动系统提供的能量定期地传递给摆轮游丝系统来维持该系统不衰减地振动；第二，擒纵机构把摆轮游丝系统的振动次数传递给指示装置来达到计时的目的。因此，擒纵机构的好与坏，直接关系到一块机械表会不会罢工、所示时间是否有误。

工业革命开始后，在18、19两个世纪的机械表"黄金时代"里，单单就擒纵机构形式的设计发明就达到三百多种。

胡克定律
游丝里的时间秘密

如果说，擒纵调速系是钟表内的心脏，掌控着机芯整体的运作，那么，游丝与摆轮构成的调速机构就是心脏里的心肌，其有节律地运动着。

它是时间运行的守护者，通过规律性的振荡来保证机械表的时间精度。

从运动学上来说，机械表就是通过减速齿轮系把摆轮游丝的周期振动转化为表针的周期转动，如图18-4所示。摆轮与游丝形影不离，摆轮上连接的游丝带动摆轮进行往返运动，将时间切割为完全相同的等分，两者协力，是机械表的"第一负责人"。

图 18-4　机械表摆轮游丝

摆轮是由摆轴、摆轮外沿、摆梁、摆钉、游丝、双圆盘、圆盘钉组成的。游丝是一种很细的弹簧，通常以钢作为材质，盘绕在摆轮周围。游丝部件由游丝、内桩、外桩组成，其有效长度的变化决定了摆轮的惯性力矩与振幅周期。

1582 年，伽利略发现了摆的等时性原理[1]，奠定了计时学的理论基础。荷兰物理学家惠更斯应用这一原理制成了世界上第一只摆钟，又首先成功地在钟上采用了摆轮游丝，如图 18-5 所示。把摆和摆轮游丝组成的振荡系统的频率作为时间基准并用于钟表，这两项重大发明使钟的走时精度大大提高，钟的外形尺寸也因此可以缩小。那时，怀表才开始在西方流行起来。

1 摆的等时性原理：无论摆动幅度（摆角小于 5°时）大些还是小些，完成一次摆动的时间是相同的。等时性是机械表不断追求的目标，其透过平衡摆轮的来回摆动，将时间分割为同等区段。

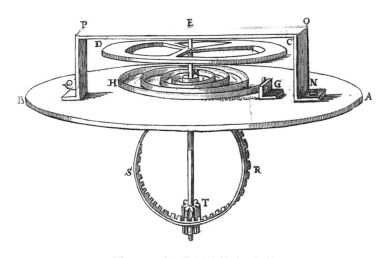

图 18-5　惠更斯设计的游丝摆轮

不过，关于游丝这一掌握着机械表生命的零件，还有一个不得不说的幕后英雄——胡克。大部分人肯定见过下面这一公式：

$$F=-kx$$

胡克定律是力学弹性理论中的一条基本定律，表述为：固体材料受力之后，材料中的应力与应变（单位变形量）之间呈线性关系。或者，我们也可以称其为弹簧定律。

其中，k 是常数，是物体的劲度系数（弹性系数），只由材料的性质所决定，单位是 N/m。x 是弹性形变，指固体受外力作用而使各点间相对位置的改变程度。在外力的作用下物体发生形变，当外力撤销后物体能恢复原状，这样的形变就称为弹性形变，单位是 m。

胡克定律是力学弹性中的一条基本定律，它指出弹性系数在数值上等于弹簧伸长（或缩短）单位长度时的弹力，负号表示弹簧所产生的弹力与其伸长（或压缩）的方向相反。

游丝是由一圈金属丝按照阿基米德螺线[1]（也称等速螺线，如图18-6所示）制成的一种细弹簧。当机芯开始正常工作的时候，游丝就开始进行扩大与收缩运动，通过游丝的收紧与扩张，可以形成一个弹力的回转，这样就可以令摆轮不断地摆动。

1　阿基米德螺线：一个点匀速离开一个固定点的同时又以固定的角速度绕该固定点转动而产生的轨迹。

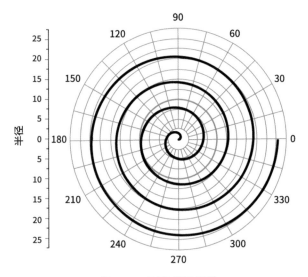

图18-6　阿基米德螺线

可能是胡克太忙了，他为弹簧做了大量研究，也早就有了游丝的想法，可惜迟迟未制成实物，结果被惠更斯抢了先，后者成了官方承认的发明人。

不过，虽然错失发明权，但胡克定律的光彩依旧没有被掩盖，人类在此基础上更科学地理解了游丝，也更好地理解了伽利略的等时性原理。在线性回复力的作用下，物体往复运动的周期是恒定的。

这也开启了机械表的科学制表时代，表的走时精度有了质的保证。

精度是机械表的生命

通过胡克定律对弹簧游丝的解密，每一常规机械表的调速机构 —— 摆轮游丝，都可以看成圆周转动形式的弹簧振子，其振动周期与摆轮转动惯量[1]（取决于转动半径、质量大小）、游丝的弹性系数（取决于游丝材质、粗细、长短）形成了一组数学关系，公式如下：

$$T = 2\pi\sqrt{\frac{1}{k}}$$

其中，k 为游丝弹性系数，即胡克定律里的弹性系数。于表中大多为平游丝，游丝的材料、长度、厚度、刚度及游丝的框距都直接影响到手表的走时质量。

I 为转动惯量，又满足于下面公式：

$$I = \sum_i m_i r_i^2$$

式中，m 为转动物体的质量；r 为转动物体离中心的距离。

根据伽利略的等时性原理发现，摆的周期与摆幅无关，一旦缩短摆线长度，振频（摆频）将加快，周期将减小。在一块经典的机械表中，整个机芯的运转、走时快慢都以擒纵调速系的频率为准，归根结底，其实以摆轮游丝的频率为准。振频是摆轮每一小时摆动的次数，理论上来说，振频越高，表的精准度越高，抗干扰性越好。

倘若振频是 18000 次 /h，相当于将一小时等分成 18000 段，每秒钟 5 段。做一个假设：如果机芯运转不稳定，摆轮在 1 小时内少运动了 5 次，那么一小时就会产生 1s 误差；如果是摆频 36000 次的机芯，那一小时只会有 0.5s 的误差。

因此，客观上来说，振动频率的重要性也就不言而喻。

而要调校手表快慢、走时误差，重点也就落在了掌握着时间秘密的 I 和 k 上，因为摆频这一客观条件，还得受限于它们，即游丝材质、粗细、长短，以及摆轮质量、温度等。

从铁镍钴合金游丝到 Invar[2] 合金游丝，再到劳力士的 Parachrom[3] 顺磁性游丝，再到后来的硅质游丝，随着技术的进步，摆轮游丝的选

1 转动惯量：刚体绕轴转动时惯性（回转物体保持其匀速圆周运动或静止的特性）的量度。

2 Invar：因瓦合金，它的热膨胀系数极低，能在很宽的温度范围内保持固定长度。

3 Parachrom：劳力士蓝色 Parachrom 游丝以其独特的顺磁性合金制造，能不受磁场影响，抗震能力比一般游丝强 10 倍。

18

胡克定律：机械表的心脏

243

择不断多样化，机械表的质量也与日俱增。甚至在 18 世纪工业革命初期，还出现了机械表制造工艺中的最高水平代表——陀飞轮[1]。

结语
世界是一个大的钟表

在一个属于蒸汽与机械动力的时代，机械解放了生产力，人类开始思考着改造世界，将机械力量运用到了极致。

这份极致就藏在机械表中，它以高超的工艺成为那个时代的象征。

后来，这份原始的机械力量在工业时代中改头换面，在"石英革命"席卷而来的巨大冲击中跌落尘埃，最后又浴火重生，以顽强的生命力再次令无数人沉迷于它的机械之美。

近代哲学之父——笛卡儿，是机械表技术的热衷者，他曾毫不掩饰地认为物质世界以机器的方式运作着，一个由齿轮组成的能够报时的钟表与一棵由种子长成能够结出果实的树在本质上没有什么区别，整个宇宙可以假定为一个巨大的机械钟表，科学就是去发现隐藏其中的细节。

这个伴随着近代自然科学而出现的哲学理论，启蒙了工业时代的人类，使他们逐渐脱离以往的蒙昧无知，进入一个全新的科学世界。

1 陀飞轮：瑞士钟表大师路易·宝玑先生在 1795 年发明的一种钟表调速装置。陀飞轮有"漩涡"之意，源自法国数学家笛卡儿用来形容行星绕太阳公转的名词。陀飞轮机构的作用是校正地心引力对钟表机件造成的误差。

19

混沌理论：一只蝴蝶引发的思考

$$\frac{dv}{dt} = A(\mu)v + G(v)$$

混沌，才是这个世界的本质。

传闻这世间存在一只妖，它神通广大，善推演，无所不知。

只要它愿意动动手指，记录下某一刻宇宙中每个原子确切的位置和动量，就能根据牛顿定律，瞬间算出宇宙的过去与未来。这就是大名鼎鼎的拉普拉斯妖。

这只妖是宏观经典力学的守护者，也是牛顿理论的信仰者，对于它来说，过去和未来尽在它的掌控之中，没有什么是不确定的，一切都可以通过现在的状态计算得知。

然而，这样一只科学神兽，很快就被热力学和量子力学联合"掐死"在威斯特敏斯特大教堂牛顿的坟墓前，而主刀的刽子手有个美丽的名字，叫作蝴蝶效应。

蝴蝶效应
差之毫厘，谬以千里

根据经典力学，我们能精确地预言哈雷彗星每 76 年回归地球一次，那么，对于未来的天气预报，我们是否也能精准预测呢？

1961 年之前，美国气象学家洛伦兹认为自己一定能找到一个精准预测天气变化的数学模型。为此，他每日都待在计算机房里，用那台占满整间实验室的庞然大物，模拟着影响气象的大气流。这一过程耗时数月，并且顺利输出了一系列数据，但为了确认计算结果的精准，洛伦兹决定再算一遍。不过这次他在计算过程中偷了个小懒，在输入中间一个数据时，将原来的 0.506127 省略为 0.506。

没想到这初始值的微小差别，最终却使计算结果相差万里，如图 19-1 所示。

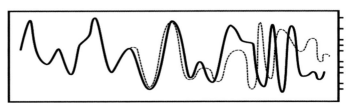

图 19-1　洛伦兹的两次计算结果

实线和虚线分别代表了洛伦兹的两次计算过程，如果初始值稍稍变化，结果就会大相径庭。一个晴空万里，一个电闪雷鸣，那这样的预报还有实际意义吗？对此，洛伦兹感到挫败不已。毕竟根据经典理论，初始值偏离一点点，结果也只会偏离一点点。由此，科学家才可以提前相当长的时间预测极复杂的系统的行为。这一点，是拉普拉斯妖决定论的理论基础，也是洛伦兹梦想进行长期天气预报的根据。

为了走出困境，洛伦兹决定深入研究他的微分方程组解的稳定性，也正是这个方程组，在后来成了历史上第一次让科学家从中认识到混沌可能性的动态体系：

$$
\begin{cases}
\dfrac{\mathrm{d}x}{\mathrm{d}t} = -10x + 10y \\[2mm]
\dfrac{\mathrm{d}y}{\mathrm{d}t} = \mu x = y - xz \\[2mm]
\dfrac{\mathrm{d}z}{\mathrm{d}t} = -\dfrac{8}{3}z + xy
\end{cases}
$$

这是一个不能用解析方法求解的非线性方程组，是洛伦兹以其非凡的抽象能力，将气象预报模型里的上百个参数和方程简化成一个仅有三个变量和时间的系数的微分方程组。

方程组中的 x、y、z 并非运动粒子在三维空间的坐标，而是三个变量。这三个变量由气象预报中的诸多物理量，如流速、温度、压力等简化而来。其中，μ 在流体力学中称为瑞利数[1]，与流体的浮力及黏度等性质有关。当 $\mu=28$ 时，利用计算机对变量 x、y、z 进行反复迭代，模拟出来的三维图形就宛若一只展翅欲飞的蝴蝶，如图 19-2 所示，这便是蝴蝶效应的由来。

1 瑞利数：格拉晓夫数和普朗特数的乘积，其中格拉晓夫数描述了流体的浮力和黏度之间的关系，普朗特数描述了动量扩散系数和热扩散系数之间的关系。因此，瑞利数本身也被视为浮力和黏性力之比与动量和热扩散系数之比的乘积。

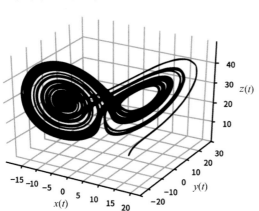

图 19-2　洛伦兹方程组三维模拟图

为什么模拟系统最终会出现这样一幅奇妙而复杂的"洛伦兹吸引子[1]"图？正常来说，大部分系统的"最后归属"，即吸引子的形状，可归纳为如图 19-3 所示的三种经典吸引子。

例如，任何一个钟摆，如果不给它不断地补充能量，最终都会由于摩擦和阻力而停止下来。也就是说，钟摆系统的最后状态会是相空间中的一个点。

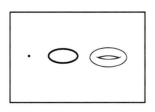 

三种经典吸引子　　　　　　　　**奇异吸引子**

图 19-3　洛伦兹吸引子

有趣的是，洛伦兹系统的吸引子却无法归类到任何一种经典吸引子，只能被称为奇异吸引子[2]。经典吸引子对初始值都是稳定的，奇异吸引子表现出对初始值的敏感性，即初始状态接近的轨迹之间的距离随着时间的增长而指数增长。

看着这个图形，洛伦兹愈发觉得这个系统的长期行为十分有趣。

在这个三维空间的双重绕图里，轨线看起来是在绕着两个中心点转圈，但又不是真正在转圈，因为它们虽然被限制在两翼边界之内，但决不与自身相交。这意味着系统的状态永不重复，是非周期性的。也就是说，这个具有确定系数、确定方程、确定初始值的系统的解，其外表呈现出规则而有序的两翼蝴蝶形态，内在却包含了随机而无序的混沌过程的复杂结构。

当时，史上最伟大的气象员洛伦兹准确地将此现象表述为"确定性非周期流"，并由此断言：准确地做出长期天气预报是不可能的。因为气象预报的初始条件是由极不稳定的环球的大气流所决定的，这个初始条件的任何细微变化，都可能导致预报结果千差万别。

1963 年，这篇论文被发表在《大气科学》杂志上，洛伦兹形象地将这个结论称为蝴蝶效应：一只南美洲亚马孙河流域热带雨林中的蝴蝶，偶尔扇动几下翅膀，可以在两周以后引起美国得克萨斯州的一场龙卷风。

　　蝴蝶扇动翅膀却可以促使空气系统发生变化，并产生微弱的气流运动。而微弱气流的产生又会引起四周空气或其他系统产生相应的变化，由此引起一系列微妙连锁反应，最终导致系统的变化。

　　混沌的一个重要特征：系统的长期行为对初始条件的敏感依赖性，初值的微小差别会导致未来的混沌轨道的巨大差别。正如中国古人的智慧所言："失之毫厘，谬以千里。"

　　此后，洛伦兹也因此被誉为"混沌理论之父"。

非线性系统主导的混沌世界

　　蝴蝶效应作为典型的混沌系统，在我们的生活中随处可见。全球气候会在短时间内巨幅变动，股票市场可以毫无预警地崩溃，人类可能一夜之间在地球上灭绝……我们对此无能为力。

　　究竟是什么样的系统会出现混沌现象？混沌其实是非线性系统 [1] 在一定条件下的一种状态，而事实上几乎自然界的所有系统都是非线性系统，在一定条件下都会产生混沌现象。

　　这种现象起因于物体不断以某种规则复制前一阶段的运动状态而产生无法预测的随机效果，混沌过程是一个确定性过程，但很多过程串联起来又是无序的、随机的。

　　我们以蝴蝶效应的方程为例，令 $\vec{v}$ 表示三维向量，$\vec{v}=(x,\ y,\ z)$，那么我们可以把这个方程分解成线形和非线性两个部分：

$$\frac{\mathrm{d}v}{\mathrm{d}t}=A(\mu)\vec{v}+G(\vec{v})$$

其中，$A=\begin{bmatrix} -10 & 10 & 0 \\ \mu & -1 & 0 \\ 0 & 0 & -\dfrac{8}{3} \end{bmatrix}$，$G(\vec{v})=(0,-xz,xy)$

　　一个线性微分方程组（又称线性系统）的解是否稳定，即能否

1　非线性系统：一个系统如果输出与输入不成正比，那么它就是非线性的。从数学上看，非线性系统的特征是叠加原理不再成立。叠加原理是指描述系统的方程的两个解之和仍为其解。叠加原理可以通过两种方式失效：其一，方程本身是非线性的；其二，方程本身虽然是线性的，但边界是未知的或运动的。

1 收敛：一个经济学、数学名词，是研究函数的一个重要工具，是指会聚于一点，向某一值靠近。

2 特征值：线性代数中的一个重要概念。设 A 是 n 阶方阵，如果存在数 m 和非零 n 维列向量 x，使 $Ax=mx$ 成立，则称 m 是 A 的一个特征值或本征值。

3 分歧理论：研究在一带参数的动力体系中平衡态随参数变化时个数发生变化的现象，特别是平衡态由一个分裂为二个或多个的现象。

得到收敛[1]解，完全依赖于矩阵 A 的特征值[2]大小。若 A 的特征值的实部（特征值有可能是复数）全都小于 0，那么这个方程一定是稳定的（至少局部稳定）。而除去矩阵 A，右边由 xz、xy 构成的 $G(\vec{v})=(0, -xz, xy)$ 是一个非线性部分，具有非线性特性，若方程发散则变得更复杂。

混沌理论的基础是分歧理论[3]，而分歧理论的研究中心是方程解的稳定性如何发生改变的，其数学本质是方程参数变化诱使矩阵特征值的符号发生变化。

因此，混沌理论是一种兼具质性思考与量化分析的方法，是对不规则而又无法预测的现象及其过程的分析。动态系统中必须用整体、连续的而不是单一的数据关系才能加以解释和预测的行为，如人口移动、化学反应、气象变化、社会行为等。

而我们的世界，恰恰就是一个由非线性系统所主导的混沌世界。

在混沌理论中出现内在"随机过程"的可能性，最终给了拉普拉斯妖以致命一击。

海岸线究竟有多长？
找到一种描述不规则世界的法则

云朵不是球形的，山峦不是锥形的，海岸线不是圆形的，树皮不是光滑的，闪电也不是一条直线。

组成这个世界的大多数事物都是混沌的，纷繁而复杂，其整体或局部特征不是简单地用传统的欧式几何语言就可以表述的，处处显现着不可预测性。

当你到海边游玩时，你可曾想过是否能测出海岸线的长度？其实，你永远测不出它的长度。尽管维基百科告诉你："中国有32000km 长的海岸线。"但从物理的角度来看，海岸线实际是不可测量的，最多只能说：中国海岸线"轮廓"的长度是多少千米。1940年，英国政府就曾试图对自己国土的海岸线长度进行测量，结果发现使用的度量尺寸越精确，得出的数据就越长，最后导致最新数据总与已有的任何数据差别很大。

所以，我们究竟要怎样去描述海岸线及这个世界的不规则？这个问题过去了很久都没有得到解决。

直到1967年，本华·曼德勃罗找到了混沌背后的法则——分形。

在美国权威杂志《科学》上，本华·曼德勃罗发表了一篇题为"英国的海岸线到底有多长"的划时代论文，该文标志着分形萌芽的出现，证明了在一定意义上任何海岸线都是无限长的，因为海湾和半岛会显露出越来越小的子海湾和子半岛，如图19-4所示。

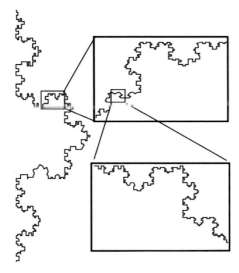

图19-4　曼德勃罗"海岸线分形"示意图

曼德勃罗将这种部分与整体的某种相似称为自相似性，它是一种特殊的跨越不同尺度的对称性，意味着图案之中递归地套着图案。

事实上，具有自相似性的现象广泛存在于自然界中，这些现象包括连绵起伏的山川，自由飘浮的云彩，以及花菜、树冠，甚至人体的大脑皮层和各种器官。

这种现象最终被曼德勃罗抽象为分形，从而建立起了有关斑痕、麻点、破碎、缠绕、扭曲的几何学。这种几何学的维数可以不是整数，如英国的海岸线是1.25维的分形，众多山川地形的表面是2.2维的分形，洛伦兹吸引子的分形维数则在2.06左右。

更有意思的是，曼德勃罗发现从数学上来看，分形大多数是用非线性迭代法[1]产生的，可由一个简单的非线性迭代公式描述：$Z(n+1)=Z(n)^2+C$。

式中，$Z(n+1)$ 和 $Z(n)$ 都是复变量[2]，而 C 是复参数。对于某些参

1　迭代法：迭代是数值分析中通过从一个初始估计出发寻找一系列近似解来解决问题（一般是解方程或者方程组）的过程，为实现这一过程所使用的方法统称为迭代法，是一种不断用变量的旧值递推新值的过程。

2　复变量：变量的取值范围为复数的，叫作复变量。一般写作 $Z=x+iy$，其中 x、y 是实数，i 是虚数单位，规定 $i^2=-1$。

数值 C，迭代会在复平面上的某几点之间循环反复；而对另一些参数值 C，迭代结果却毫无规则可言。前一种参数值称为吸引子，后一种所对应的现象称为混沌，而所有吸引子构成的复平面子集则称为曼德勃罗集，如图 19-5 所示。

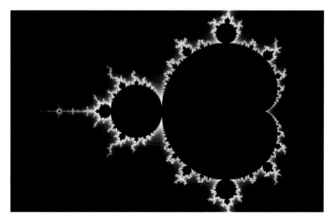

图 19-5　曼德勃罗集

由此，曼德勃罗曾经留下了迄今为止最奇异、魔幻的几何图形 —— 曼德勃罗集，史称"上帝的指纹"和"魔鬼的聚合物"。

透过它，人们惊叹地发现许多复杂瑰丽的图形背后原来都是由这么一个简单的图形所构成，都可由这么一个简单的非线性迭代公式来描述。

而混沌也并非纯粹的无序，其所呈现的无规行为或无秩序只是一种表面现象，若是深入它的内心，就能发现其深刻的规律性 —— 分形。

混沌的两面性
有序与无序的统一

我们把混沌和分形各自分开来看，前者俨如魔鬼，阻挠着人们对真理的探索，带来混乱与挑战；后者俨然是宇宙中的天使，为万物奠定秩序和生机。

但实际上，它们密不可分，混沌是时间上的分形，而分形是空间上的混沌。

它们共同组成了我们的混沌世界，体现着这个非线性系统的两个主要特性：初值敏感性和非规则的有序性。

南美洲亚马孙河流域的那只蝴蝶的行为虽然充满了随机不确定性，但它的内心同样遵循着秩序。美妙的洛伦兹吸引子，实际就是一个具有无穷结构的分形，它是混沌和分形的桥梁，提供了混沌从无序迈向有序的铁证。

所以，自然界实际既有规律又无规律，混沌理论神奇地将有序与无序统一在一起，将确定性与随机性统一在一起，深刻地为我们揭示了这个世界的本质；同时也使科学界长期对立、互不相容的两大体系——决定论和概率论之间的鸿沟正在逐步消除。

20世纪90年代，混沌理论开始走向应用阶段。虽然我们无法对系统的长期行为进行预测，但我们完全可以利用混沌的规律对系统进行短期的行为预测，这比传统的统计学方法有效。

如今，不管是在天气预报、股票市场、语言研究，还是工程技术、生物医药、计算机等领域，我们随处可见混沌理论的身影。例如，经济学家就建立了各种非线性方程模型来研究经济金融市场的各种运动，其中典型的有证券市场股价指数、汇率变化等。汇率不是由简单的确定性过程形成的，经济学家对汇率的不规则运动建模。经济学离不开各种假设，他们假设汇率以一种线性的方式回应决定性变量（自变量）的变化来建立各种模型进行分析，这是经济金融学中常见的线性回归[1]分析，也是计量经济学中的主要内容，主流的认识是汇率运动由白噪声[2]支配，潜在趋势是存在的，并且是随机误差的。

假定一个完全市场化的自由股票市场，它是一个非线性动力学系统，受到多种人为及非人为因素的影响，各因素间存在着大量的非线性相互作用。股市具有自相似性，其混沌系统出在现象、表层、形式上的无序，而在本质、深层、内容上是有序的。通过建立有关股票市场行为的非线性模型，混沌理论为理解股票市场的动态变化提供了新的方法论指导。

再如，混沌控制的最早成就之一是仅用卫星上遗留的极少量肼[3]使一颗"死"卫星改变轨道，而与一颗小行星相碰撞。美国国家航空与航天管理局利用蝴蝶效应，"操纵"了这颗卫星围绕月球旋转五圈，每一圈用射出的少许肼将卫星轻推一下，最后实现了碰撞。

1　线性回归：利用数理统计中的回归分析来确定两种或两种以上变量间相互依赖的定量关系的一种统计分析方法，运用十分广泛。

2　白噪声：也称白杂讯，是一种功率谱密度为常数的随机信号或随机过程。在计量模型中，白噪声序列是零均值、常方差的稳定随机序列。

3　肼：又称联氨。无色油状液体，有着类似于氨的刺鼻气味，是一种强极性化合物。肼长期暴露在空气中或短时间受高温作用会爆炸分解。具有强烈的吸水性，储存时用氮气保护并密封。

结语
世界的本质是混沌的

20 世纪初期，相对论和量子物理的发展打乱了经典力学建立的秩序。

相对论挑战了牛顿的绝对时空观，量子力学则质疑微观世界的因果律。

然而，直接挑战牛顿定律的，还要属南美洲的这只蝴蝶。

蝴蝶扇一扇翅膀，即刻在科学界刮起了一场飓风。相比起量子力学只揭示了微观世界的不可预测性，混沌理论在遵循牛顿定律的常规尺度下，就直指确定论系统本身也普遍具有内在的随机性。

这使拉普拉斯妖无处遁形，最终只能仓皇逃窜。

混沌理论也由此被誉为 20 世纪自然科学的重要发现。在此之后，人类进一步触及了世界的本质 —— 混沌，开始为无常的命运把脉，并且逐步掌握大自然的一把重要密钥。

20

凯利公式：赌场上的最大赢家

$$f = \frac{bp-q}{b} = \frac{p(b+1)-1}{b}$$

赌徒迷信的是运气，赌场相信的是数学。

$$f = \frac{bp-q}{b} = \frac{p(b+1)-1}{b}$$

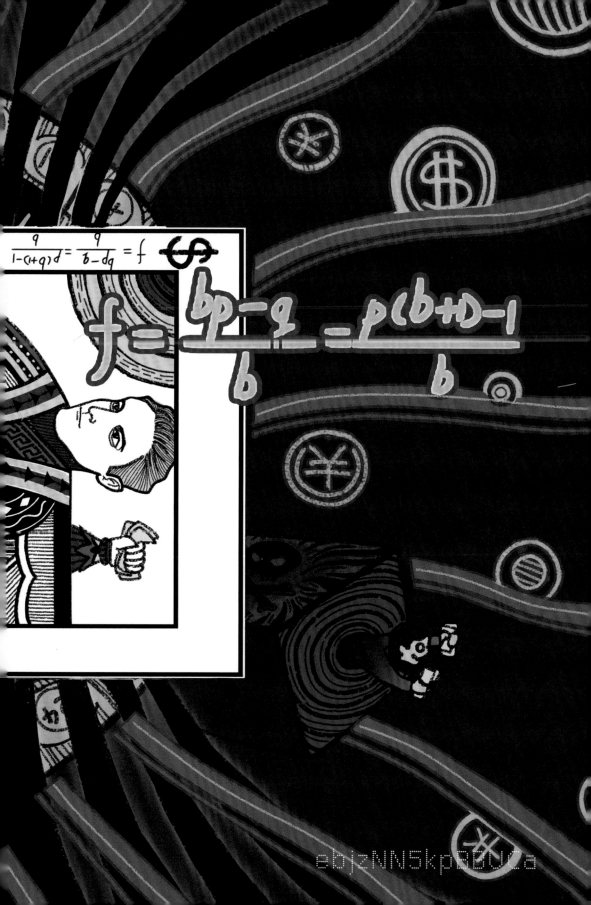

赌王何鸿燊[1]接手葡京赌场时，生意蒸蒸日上，但理性的赌士仍然忐忑，请教"赌圣"叶汉[2]："如果这些赌客总是输，长此以往，他们不来了怎么办？"叶汉笑道："一次赌徒，一世赌徒，他们担心的是赌场不在怎么办。"

叶汉说的只是心理层面，现代赌场程序方面的设计比叶汉当年要缜密得多，赌场集中了概率论、统计学的数学知识。一个普通赌徒，只要长久赌下去，最终一定会血本无归。所谓的各种制胜绝技，除了《赌圣》电影里的周星星，现实世界里的周星驰都不信。

一个痴迷于发财梦的赌徒永远不会明白，与自己对赌的不是运气，也不是庄家，而是伯努利、高斯、狄利克雷[3]、纳什、凯利这样的数学大师，赢的概率能有多大？

看得到的是概率，看不见的是陷阱

先说一个最简单的赌博游戏：抛硬币。

规则是这样的，正面赢反面输，如果你赢了可以拿走比赌注多一倍的钱，如果输了则会赔掉本金。你一听可能觉得这游戏还不错，公平！

于是你拿出了身上的 100 元来玩这个游戏，每次下注 5 元，这样你至少有 20 次的下注机会。

不过，你运气不太好，第一把就是反面，输了 5 块钱。

生性乐观的你觉得没什么，反正不管怎么说，赢面都有 50%，下一把就可以赢回来。

结果，很快你就把身上的钱都输光了。

你百思不得其解，明明是公平的 50% 赢面，在 50% 概率下至少不会亏本的，可为什么最后会输光？

事实上，你以为自己看到了 50% 的概率，把游戏看得透彻明白，殊不知，你看到了概率，却没有看到背后的陷阱，一脚踏进了一个称为"赌徒谬论"的坑里。

你觉得游戏是公平的，一正一反，均为 50% 的概率，按照大数定律来说，这是必然规律。然而，你有没有想过，正是这种你以为的"公平"，让你误解了大数定律，才陷入了"赌徒谬论"里呢？

先来看看这种让你觉得"公平"的大数定律究竟是什么。

它是数学家雅各布·伯努利[1]提出的：假设 n 是 N 次独立重复试验[2]中事件 A 发生的次数，p 是每一次试验中 A 发生的概率，那么，当 N 趋于无穷时：

$$\lim_{N \to \infty} \frac{n}{N} = p$$

式中，n 为发生次数；N 为试验总次数。

也就是说，大量重复的随机现象里其实隐藏着某种必然规律。

还是以抛硬币为例，当投掷次数足够多时，出现正（反）面的频率将逐渐接近 $\frac{1}{2}$，且随着投掷次数的增加，偏差会越来越小，如图 20-1 所示。这是最早发现的大数定律之一。

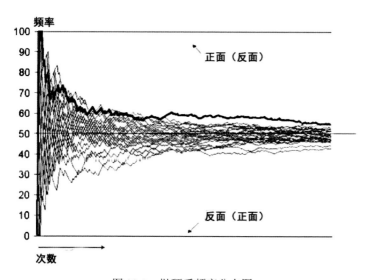

图 20-1　抛硬币频率分布图

从表面概率看，这确实是一场公平的游戏，但这种公平是有一定条件的。

大数定律讲究"大量重复的随机现象"，只有足够多次试验才能使硬币正反面的出现次数与总次数之比几乎等于 $\frac{1}{2}$。可具体多少次才算"足够多"？才能够把它用在个人对赌上？

没有人知道。因为，概率论给出的答案是——无穷大。

1　雅各布·伯努利（1654－1705）：伯努利家族代表人物之一，瑞士数学家，被公认的概率论的先驱之一。在数学上的贡献涉及微积分、微分方程、无穷级数求和、解析几何、概率论及变分法等领域。

2　独立重复试验：独立是指每一次试验的结果不会受其他试验结果的影响，事件之间相互独立；重复即多次试验，而非一次试验。当 n 次独立试验中，每次试验只有两个可能结果时，称为 n 重伯努利试验。

谁也不知道无穷大有多大，只知道这是一个令人仰望的数量。可抛硬币次数越少，大数定律的身影就越模糊，可能 10 次中 5 正 5 反，也可能 9 正 1 反，也可能 10 正 0 反或 0 正 10 反……

现实往往是，在远未达到"足够多"次试验时，你就已经输个精光了。

你身上有 100 元结果如此，你身上有 10000 元结果也是如此，就算你身上有 100 万元结果还是如此，因为你永远不可能有"足够多"的钱。

"输赢概率为 50%"，这本身就具有很大的误导性。在硬币抛出之前，50% 的概率代表的是可能性；在硬币抛出之后，50% 的概率代表的是结果的统计平均值，并不是实际分布值。

这是你对大数定律的误解之一。

把"大数定律"当"小数定律"，觉得游戏是无条件"公平"的，正面和反面出现的频率都为 $\frac{1}{2}$。这种在潜意识里被奉为圭臬的"公平"，紧接着让你踏入了第二个误解——"赌徒谬论"。

大数定律有一个明显的潜台词：当随机事件发生的次数足够多时，发生的频率便趋近于预期的概率。但人们常常错误地理解为：随机意味着均匀。

如果过去一段时间内发生的事件不均匀，大家就会"人工"地从心理上把未来的事情"抹平"。也就是，如果输了第一把，那下一把的赢面就会更大。

1 相互独立事件：设 A、B 是两个事件，如果满足等式 $P(A \cap B) = P(AB) = P(A)P(B)$，则称事件 A、B 相互独立，简称 A、B 独立。事件 B 发生或不发生对事件 A 不产生影响。

这种你下一把就可以赢回来的强烈错觉，就是"赌徒谬论"。

当你玩游戏连输时，你的心底突然冒出一个神秘的声音，它激动地朝你呐喊：稳住，风水轮流转，下一把你很可能就要赢了！

其实，上一把和下一把之间并没有任何联系。

就好比一个笑话：在乘坐飞机时带着一枚炸弹就不会遇上恐怖分子了，因为同一架飞机上有两枚炸弹的可能性是极小的。

两者如出一辙，都把相互独立事件[1] 误认为是互相关联的事件。要知道，大数定律的工作机制，可不是为了刻意平衡前后的数据。在这场游戏中，任意两次事件之间并不会相互产生影响。

赌局是没有记忆的，哪怕你曾经输了多次，它也不会因此给你更多胜出的机会。

只要进了赌场
你就是一个穷鬼

再来说一个简单的赌博游戏，还是抛硬币，规则和前面一样。

这一次你运气很不错，第一把你就赢了 100 元！可把你高兴坏了！

但是和前面的个人对赌相比，这次多了一个庄家。

庄家跟你说："你看你也赢了这么多，我呢，辛辛苦苦搭个场子，最后什么都没捞着。要不这样，你赢了，就给我留下 2% 当抽水，就算是救济救济老哥，给捧捧场！"

你想了下，2% 也不多，拿去吧！好了，这事就这么定下来了。

然而你做梦都想不到的是，这小小的 2%，又一次让你输得倾家荡产！

你同样百思不得其解，不过是小小的 2% 抽水[1]，毫不起眼，可为什么在最后，它就成了庄家赚钱的利器，自己又输光了？

天真的你，肯定不知道在赌场上有一个解不开的魔咒：赌徒破产困境。

第 1 把，赢，第 2 把，赢，第 3 把……你觉得自己被幸运女神眷顾，一身富贵命。可早在 18 世纪初，那群热爱赌博的概率论数学家们就提出了那个让赌徒闻风丧胆的破产噩梦：在"公平"的赌博中，任何一个拥有有限赌本的赌徒，只要长期赌下去，必然有一天会输个精光。

我们来看看，为什么那么多长期赌徒都输成了穷光蛋？钱都到哪去了？

假如你的小金库是 r，你带着小金库和庄家开始了一场追逐多巴胺刺激的赌博游戏，打算赢得 s 后就离开，每一局你赢得筹码的概率为 p，那你输光小金库的概率有多大呢？

我们可以在马尔科夫链[2]、二项分布[3]、递推公式等的助攻下，列出一组组粗暴的、令人头皮发麻的函数，但也许它们都不如一张二维模拟图来得直白，如图 20-2 所示。

1　抽水：赌博用语，粤语（白话）中的"水"有表示钱的意思。《广州方言词典》中"抽水"的条目是指抽头，打牌时，胜者抽些钱出来请客；又指赌徒聚赌时抽钱给赌头。

2　马尔科夫链：概率论和数理统计中具有马尔科夫性质且存在于离散的指标集和状态空间内的随机过程，可以通过转移矩阵和转移图定义。

3　二项分布：n 个独立的是/非试验（伯努利试验）中成功次数的离散概率分布，其中每次试验的成功概率为 p。当试验次数为 1 时，二项分布服从 0-1 分布。

20
凯利公式：赌场上的最大赢家

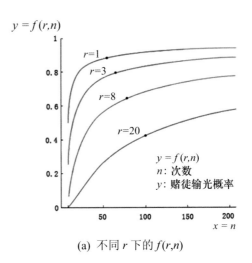

(a) 不同 r 下的 $f(r,n)$

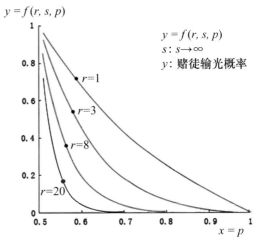

(b) 不同 r 下的 $f(r,s,p)$

图 20-2　赌徒破产定理模拟图

　　把不同 r 对应的 $f(r, n)$ 和 $f(r, s, p)$ 放到同一个图中进行比较，它形象地揭示了赌徒输光定理的含义：所谓的"公平"赌博，其实并不公平。

　　在 $f(r, n)$ 中，随着次数 n 的增加，赌徒输光的概率会逐渐增加并趋近于 1，并且 r 越小，这种趋势越明显。这说明在"公平"赌博的情况下，拥有更少筹码的赌徒会更容易破产。

　　而在 $f(r, s, p)$ 中，图 20-2(b) 则冷峻而无情地告诉我们：如果希望输光的概率比较小，那么需要每次的赢面 p 足够大或者是手里的筹码 r 足够多。

可面前有一位存在感极强的庄家，你真能从他那里虎口夺食，在赢面和筹码中赌一把吗？

答案，显然是难乎其难的。

第一，没有一个赌场会让你的赢面超过 50%。想要每一次的赢面足够大，除非庄家为你作弊，不随机，故意让你赢。

第二，庄家不是赌徒。庄家的背后是赌场，也就意味着庄家相比于你，拥有"无限财富"。你的小金库永远比不过庄家的赌场钱庄，这也意味着，你比庄家更容易山穷水尽。

当然，也许你可以一掷千金，但赌场设置了最大投注额，这并不是他们好心，想保护你免遭破产，他们只是为了自保才设计了一道安全屏障，来抵抗"无限财富"带来的破产威胁。毕竟万一哪天比尔·盖茨去赌场了，一次性砸个几百亿元进去，如果赢了，那赌场老板恐怕真的要哭了。

第三，庄家是"抽水"收入。忘了抛硬币游戏中那毫不起眼的 2% 了吗？赌徒赢钱后，庄家会从赌徒手中抽取一定比例的流水佣金。这样一来，即使你有一个小金库足以和庄家慢慢磨，打一场持久战，但赢得越多，为庄家送去的"抽水"越多。长此以往，你还是输了，钱都进了庄家的口袋。

最终，庄家赚的钱只与赌徒下注的大小有关。

这世上，天才终究是少数，而"赌神""赌王"之所以成为普通赌徒难以望其项背的存在，不仅因为他们深谙赌徒心理，也不仅因为他们懂赌场规则，还因为他们懂得该下注多少。

凯利公式
先告诉你怎么下注

在赌场老板的眼里，世界上或许只有两种人：一种现在是穷鬼，另一种未来是穷鬼。

不过，赌场老板也会有所忌惮，特别是遇到善用数学博弈的高手时。

凯利公式在高级赌徒的世界里大名鼎鼎，是顶级高手常用的数学利器。那什么是凯利公式？我们先看一个例子。

一个 1 赔 2（不包括本金）的简单赌局，抛硬币下注，假设赌注为 1 元，硬币如果为正面则净赢 2 元，如果为反面则输掉 1 元。现在你的总资产为 100 元，每一次押注都可投入任意金额。

你会怎么赌呢？已知抛硬币后出现正反面的概率都为 50%，赔率是 1 赔 2（不包括本金），那么你只要不断地下注，再抛开不公平因素的干扰，几乎就能赚。因为抛硬币次数越多，其正反面出现概率就越会稳定在 50%，收益 2 倍，损失却只是 1 倍，从数学上来说这是稳赚不赔的赌局。

但实际情况可能会有偏差。

如果你是冒险主义者，你可能会想，要坑就坑大的，一次性把 100 元全押上！幸运的话，一次正面就可以获得 200 元，又是一段值得炫耀的赌史；可是，如果输了，得把 100 元资产拱手献给对方，你就一无所有。好不容易来一趟拉斯维加斯，这肯定不是明策。

如果你是保守主义者，你可能会想，谨慎一些，慢慢来。你每次只下注 1 元，正面赢 2 元，反面输 1 元。玩了 20 把突然觉得，对方下注 10 元一次就赢得 20 元，自己一次才赢 2 元，10 次才能赢得 20 元，感觉自己已经错过"几个亿"而开始后悔！

那到底该以多少比例下注才能获得最大收益呢？普通赌徒一般一脸茫然，凯利公式却能够告诉我们答案：每次下注比例为当时总资金的 25%，这样就能获得最大收益。

让我们来看看凯利公式的庐山真面目：

$$f = \frac{(bp - q)}{b}$$

式中，f 为应投注的资本比例；p 为获胜的概率（抛到硬币正面的概率）；q 为失败的概率，即 $(1-p)$（抛到硬币反面的概率）；b 为赔率，等于期望盈利 ÷ 可能亏损（盈亏比）。

公式中的分子 $(bp-q)$ 代表"赢面"，数学中称为期望值[1]。

什么才是不多不少的赌注呢？凯利告诉我们，要通过选择最佳投注比例，才能长期获得最高盈利。回到前面提到的例子中，硬币抛出正、反面的概率都是 50%，所以 p、q（获胜、失败的概率）都为 0.5，而赔率＝期望盈利 ÷ 可能亏损 =2 元 ÷1 元，赔率就是 2，也就是说这个赌局次数越多，我们的收益就越高。那么

如何利用手中的资金来获得最高收益呢？我们要求的答案是 f，即

$$\frac{(bp-q)}{b} = \frac{2 \times 50\% - 50\%}{2} = 25\%。$$

由此，我们根据凯利公式的计算得出投注比例，每次都拿出当前手中资金的 25% 来进行下注。设初始资金为 100 元，硬币为正面时，收益为投注的 2 倍，为反面则失去投注金额。在表 20-1 和表 20-2 中，我们模拟计算了 10 次赌局的收益情况。

表 20-1　25% 投注下 10 次收益表（1）

赌局轮次	投资比例	投注金额（元）	正反情况	本轮收益（元）	资金结余（元）
0		—	—	—	100
1		25	正	50	150
2		37.5	正	75	225
3		56.25	正	112.5	337.5
4		84.375	正	168.75	506.25
5	25%	126.5625	正	253.125	759.375
6		189.84375	反	-189.84375	569.53125
7		142.3828125	反	-142.3828125	427.1484375
8		106.7871094	反	-106.7871094	320.3613281
9		80.09033203	反	-80.09033203	240.2709961
10		60.06774902	反	-60.06774902	180.2032471

表 20-2　25% 投注下 10 次收益表（2）

赌局轮次	投资比例	投注金额（元）	正反情况	本轮收益（元）	资金结余（元）
0		-	-	-	100
1		25	正	50	150
2		37.5	反	-37.5	112.5
3		28.125	正	56.25	168.75
4		42.1875	反	-42.1875	126.5625
5	25%	31.640625	正	63.28125	189.84375
6		47.4609375	反	-47.4609375	142.3828125
7		35.59570313	正	71.19140625	213.5742188
8		53.39355469	反	-53.39355469	160.1806641
9		40.04516602	正	80.09033203	240.2709961
10		60.06774902	反	-60.06774902	180.2032471

表 20-1 从先正后反的情况计算了收益，而表 20-2 则计算了正反分布交错情况下的收益。

比较两表，我们最终可以发现其收益是相等的，硬币出现正反面的先后顺序对于最终收益的计算结果并无影响。而按 25% 的投注比例进行投注，收益基本呈现稳步增长的大趋势。

假设投注比例为 100% 时，10 次当中只要出现任意一次的反面，就会彻底输光所有钱，直接出局，且每轮反面概率还为 50%；而每次投注 1 元，即投注比例为 1% 的时候，10 次的收益为 $100+10\times50\%\times2+(-1)\times10\times50\%=105$（元），这风险很小，但收益太低。由此看来，凯利公式才是最大的赢家。

赌场操盘者每一次下注的时候，都会谨记数学原则；而作为普通赌徒，除了心中默念"菩萨保佑"外，哪里知道这后面的数学知识？

所以，就算你赢得了"财神爷"的支持，也永远赢不了凯利公式。

除非 100% 赢
否则任何时候都不应下注

所有的赌场游戏，几乎都是对赌徒不公平的游戏。

但这种不公平并非是庄家出老千，现代赌场光明正大地依靠数学规则赚取利润，从某种意义上来说，赌场是最透明公开的场所。如果不是这样，进出赌场不知有多少亡命之徒，何鸿燊哪怕有九条命都不够。

凯利公式不是凭空设想出来的，这个数学模型已经在华尔街得到了验证，除了在赌场被奉为"胜利理论"，同时也被称为资金管理神器，它是比尔格罗斯等投资大师的心头之爱，巴菲特依靠这个公式也获取了很多收益。回归到赌场讨论这个公式，根据 $f=\dfrac{(bp-q)}{b}$ 公式结论，期望值 $(bp-q)$ 为负时，赌徒不具备任何优势，也不应下任何赌注。赌博这种游戏，要下负赌注，还不如自己开个赌场当庄家。

的确，世界上有为数不多的"赌神"，他们当中有信息论的发明者香农、数学家爱德华·索普等，他们通过一系列复杂的计算和艰深的数学理论，把某些赌戏的赢率扳回到 50% 以上，如 21 点 [1]，靠强大的心算能力可以把概率拉上去。但就凭你读书时上课打瞌睡、输了只知道倍投翻本的可怜知识，以及九九乘法表的那点算力，还是先老实读完以下三条准则。

（1）期望值（$bp-q$）为 0 时，赌局为公平游戏，这时不应下任何赌注。

（2）期望值（$bp-q$）为负时，赌徒处于劣势，更不应下任何赌注。

（3）期望值（$bp-q$）为正时，按照凯利公式投注，赚钱最快，风险最小。

最终结论只有一个：除非 100% 赢，否则任何时候都别赌上全部身家，即使赢率相对较高也要谨慎。

1　21 点：一种扑克牌游戏，起源于法国，参加者尽量使手中牌的总点数等于或接近 21 点，但不能超过 21 点，再和庄家比较总点数的大小以定输赢。

结语
赢得胜利的唯一法则：不赌

有人可能说，我又不是与赌场对赌，我只要赢了对手就行了。可无论是你还是对方，赢者都是要给赌场"流水"的，赌的时间一长，两者都是在给赌场打工。

现代赌场自己做庄的可能性很小，他们更依赖数学定理获取利益。对于那些小型赌场和线上赌场，怎么就确定你的对手不是赌场本身呢？

没有谁能说服一个堕落的赌徒，因为这是人格的缺陷。如果你尚且是一个具有理性精神的人，就别再迷恋所谓的运气。赌徒能够依靠的是"菩萨保佑"，而赌场后面的大师是高斯、凯利、伯努利这样的数学大神。你怎么可能赢得了庄家？

论理性，没有人能比赌场老板更理性。

论数学，没有人能比赌场老板请的专家更精通数学。

论赌本，没有人能比赌场老板的本钱更多。

如果你想真正赢得这场赌局，法则只有一个：不赌。

21

贝叶斯定理：AI 如何思考？

$$P(A|B) = \frac{P(B|A)P(A)}{P(B)}$$

AI 是人类最优秀的机器，然而 AI 永远只是一个机器吗？

1　索菲娅：由中
国香港的汉森机器
人技术公司开发的
类人机器人，是历
史上首个获得公民
身份的机器人。索
菲娅看起来就像人
类女性，拥有橡胶
皮肤，能够表现出
超过 62 种面部表
情，她的"大脑"
中的计算机算法能
够识别面部，并与
人进行眼神接触。

2　Gmail：Google
的免费网络邮件
服务。它随附内
置的 Google 搜索
技术并提供 15GB
以上的存储空间，
可以永久保留重
要的邮件、文件和
图片，快速地查找
任何需要的内容。

当笛卡儿说出"我思故我在"时，被认为是"人类的觉醒"。

第一个获得公民身份的机器人索菲娅[1]被问道："你怎么知道自己是机器人？"索菲娅的回答是："你怎么知道自己是人类？"

机器人会反驳了？这到底是 21 世纪的福音，还是人类搬起石头砸自己的脚？

这几年，随着机器智能向"我思故我在"这个哲学命题步步逼近，AI（Artificial Intelligence，人工智能）已不再只是被动地向人类表述世界，而开始主观地表达意见。

Google 自动驾驶汽车的操纵系统、Gmail[2]对垃圾邮件的处理、由 MIT 主导的人类"写字"系统，以及最新的 Siri（Speech Interpretation & Recognition Interface，语言识别接口）[3]智能语音助手平台，还有挑战人类最后智慧堡垒的 AlphaGo 系统，都已经开始了"深度学习[4]"暴风雨式的革命。

到底什么是"自我意识"，机器已经在主动思考了吗？

要回答这些问题，我们必然要研究 AI 背后隐藏着的一个数学公式：贝叶斯定理。

"不科学"的贝叶斯－拉普拉斯公式

贝叶斯定理是 18 世纪英国数学家托马斯·贝叶斯[5]提出的概率理论。

该定理源于他生前为解决一个"逆向概率"问题而写的一篇论文。

在贝叶斯写文章之前，人们已经能够计算"正向概率"。例如，

3　Siri：苹果公司在其产品 iPhone4S、iPad3 及以上版本手机和 Mac 上应用的一项智能语音控制功能。利用 Siri，用户可以通过手机读短信、介绍餐厅、询问天气、语音设置闹钟等。

4　深度学习：机器学习中一种基于对数据进行表征学习的方法，通过建立具有阶层结构的人工神经网络，在计算系统中实现人工智能。深度学习由 Hinton 等人于 2006 年提出。

5　托马斯·贝叶斯：18 世纪英国神学家、数学家、数理统计学家和哲学家，概率论理论创始人，贝叶斯统计的创立者，"归纳地"运用数学概率，"从特殊推论一般、从样本推论全体"的第一人。

如：假设袋子里面有 P 只红球，Q 只白球，它们除了颜色之外，其他性状完全一样。你伸手进去摸一下，可以推算出摸到红球的概率是多少。

但反过来看，如果我们事先并不知道袋子里面红球和白球的比例，而是闭着眼睛摸出一些球，然后根据手中红球和白球的比例对袋子里红球和白球的比例做出推测。这就是"逆向概率"问题。

贝叶斯的论文提出了一个似乎显而易见的观点：用新信息更新我们最初关于某事物的信念后，我们就会得到一个新的、改进了的信念。简单来说，就是经验可以修正理论。

通俗地说，就像一个迷信星座的 HR（Human Resources，人力资源顾问），如果碰到一个处女座的应聘者，HR 会推断那个人多半是一个追求完美的人。这就是说，当你不能准确知悉某个事物的本质时，你可以依靠经验去判断其本质属性的概率。支持该属性的事件发生得越多，该属性成立的可能性就越高。越多处女座的人表现出追求完美的特质，处女座追求完美这一属性就越成立。

这个研究看起来平淡无奇，当时还名不见经传的贝叶斯也并未引起多少人的注意，甚至连那篇论文，也直到他死后第二年的 1763 年，才由一位朋友整理后发表。

明珠蒙尘，就像凡·高，画稿生前无人问津，死后价值连城。

其实也情有可原，为什么贝叶斯定理两百多年来一直被雪藏、一直不受科学家们认可？因为它与当时的经典统计学相悖，甚至是"不科学"的。

与经典统计学中随机取样、反复观察、重复进行、推断规律的频率主义不同，贝叶斯方法建立在主观判断的基础上，你可以先估计一个值，然后根据客观事实不断修正。从主观猜测出发，这显然不符合科学精神，所以贝叶斯定理为人诟病是有道理的。

除了贝叶斯，1774 年，法国数学家拉普拉斯也非常"不科学"地发现了贝叶斯公式，不过他的侧重点不一样。拉普拉斯不想争论，他直接给出了我们现在所用的贝叶斯公式的数学表达：

$$P(A \mid B) = \frac{P(B \mid A)P(A)}{P(B)}$$

这个"不科学"的公式现在已经非常流行，就像微积分基本定理全称是牛顿－莱布尼茨公式一样，贝叶斯公式被称为贝叶斯－拉普拉斯公式应更科学。

你生病了吗？
贝叶斯公式是这样工作的

贝叶斯定理素来以其简单优雅、深刻隽永而闻名，贝叶斯定理并不好懂，每一个因子背后都藏着无限的深意。

它到底是如何为人类服务的？

对于贝叶斯定理，参照下面的公式，首先要了解各个概率所对应的事件。

$P(A|B)$ 是在 B 发生的情况下 A 发生的概率，也称为 A 的后验概率[1]，是在 B 事件发生之后，我们对 A 事件概率的重新评估。

$P(A)$ 是 A 发生的概率，也称为 A 的先验概率[2]，是在 B 事件发生之前，我们对 A 事件概率的一个判断。

$P(B|A)$ 是在 A 发生的情况下 B 发生的概率。

$P(B)$ 是 B 发生的概率。

$$P(A|B) = \frac{P(B|A)P(A)}{P(B)}$$
$$= P(A)\frac{P(B|A)}{P(B)}$$

其中，$\dfrac{P(B|A)}{P(B)}$ 也称为可能性函数（Likely Hood），这是一个调整因子，使预估概率更接近真实概率。因此，条件概率可以理解为后验概率 ＝ 先验概率 × 调整因子。

而贝叶斯定理的含义也不言而喻：先预估一个先验概率，再加入实验结果，看这个实验到底是增强还是削弱了先验概率，修正后得到更接近事实的后验概率。

在贝叶斯定理含义中，如果调整因子 $\dfrac{P(B|A)}{P(B)} > 1$，意味着先验概率被增强，事件 A 发生的可能性变大；如果调整因子 $\dfrac{P(B|A)}{P(B)} = 1$，意味

1　后验概率：在得到"结果"的信息后重新修正的概率；是"执果寻因"问题中的"果"；是事情已经发生，要求这件事情发生的原因是由某个因素引起的可能性的大小。

2　先验概率：根据以往经验和分析得到的概率，它往往作为"由因求果"问题中"因"出现的概率，是事情还没有发生，要求这件事情发生的可能性的大小。

着 B 事件无助于判断事件 A 的可能性；如果调整因子 $\dfrac{P(B|A)}{P(B)} < 1$，意味着先验概率被削弱，事件 A 的可能性变小。

就知道你没看懂……那还是举个经常用到的例子吧！

生老病死，人生事儿，身体是革命的本钱。在当今医学发达的时代，疾病那只魔鬼似乎难逃科技之手，什么都能检查出来。

可你真的生病了吗？

倘若现有一种疾病，它的发病率是 0.001，即 1000 人中会有 1 个人得病。

一袭白大褂的医学家研发出了一种试剂，可以用来检验你是否得病。它的准确率是 0.99，即在你确实得病的情况下，它有 99% 的可能呈现阳性；它的误报率是 0.05，即在你没有得病的情况下，也有 5% 的可能呈现阳性，即医学界令人头疼的"假阳性"。

如果你的检验结果为阳性，那你确实生病的可能性有多大？

假定 A 事件表示生病，那么 $P(A)$ 为 0.001。这就是先验概率，即没有做试验之前，我们预计的发病率。

再假定 B 事件表示阳性，那么要计算的就是 $P(A|B)$。这就是后验概率，即做了试验以后，对发病率的估计。

$P(B|A)$ 表示生病情况下呈阳性，即"真阳性"，$P(B|A)$ 为 0.99。

$P(B)$ 是一种全概率[1]，为每一个样本子空间中发生 B 的概率的总和。它有两种子情况，一种是没有误报的"真阳性"，一种是误报了的"假阳性"。套用全概率公式[2]后：

$$P(A|B) = \frac{P(B|A)P(A)}{P(B)}$$

$$= P(A)\frac{P(B|A)}{P(B)}$$

$$= P(A)\frac{P(B|A)}{P(B|A)P(A) + P(B|\overline{A})P(\overline{A})}$$

$$= 0.001 \times \frac{0.99}{0.99 \times 0.001 + 0.05 \times 0.999}$$

$$= 0.019$$

一种准确率为 99% 的试剂，呈阳性，本以为药石无医，可在贝叶斯定理下，可信度也不过 2%，原因无它，5% 的误报率在医学界可谓是

1　全概率：将对一复杂事件的概率求解问题转化为在不同情况下发生的简单事件概率的求和问题。

2　全概率公式：如果事件 B_1、B_2、B_3、…、B_n 构成一个完备事件组，即它们两两互不相容，其和为全集，并且 $P(B_i)$ 大于 0，则对任一事件 A 有 $P(A) = P(A|B_1)P(B_1) + P(A|B_2)P(B_2) + \cdots + P(A|B_n)P(B_n)$。

21　贝叶斯定理：AI 如何思考？

非常高了。都说疾病是魔鬼，可以无情地夺去人类生存的希望，可在这看似冷酷的贝叶斯定理下，不到 2% 的概率可以说是极大的慰藉了。

贝叶斯公式逐步取得人类信任

今天的贝叶斯理论已经开始遍布各地。从物理学到癌症研究，从生态学到心理学，贝叶斯定理几乎像"热力学第二定律"一样成为宇宙真谛了。

物理学家提出了量子机器的贝叶斯解释，捍卫了弦和多重宇宙理论。哲学家主张科学作为一个整体，其实是一个贝叶斯过程。而在 IT 界，AI 大脑的思考和决策过程更是被许多工程师设计成了一个贝叶斯程序。

在日常生活中，我们也常使用贝叶斯公式进行决策。

例如，我们到河边钓鱼，根本就看不清楚河里哪里有鱼，似乎只能随机选择，但实际上我们会根据贝叶斯方法，利用以往积累的经验找一个回水湾区开始垂钓。这就是我们根据先验知识进行主观判断，在钓过以后对这个地方有了更多了解，然后进行选择。所以，在我们认识事物不全面的情况下，贝叶斯方法是一种非常理性且科学的方法。

贝叶斯理论诞生两百多年没有得到主流学界认可，现在被认可主要因为两件事。

1.《联邦党人文集》作者揭秘

1788 年，集结了 85 篇文章的《联邦党人文集》匿名出版。根据汉密尔顿和麦迪逊生前提供的作者名单，其中 12 篇文章的作者存在争议，而要找出每一篇文章的作者无疑是极其困难的。

哈佛大学和芝加哥大学的两位统计学教授采用以贝叶斯公式为核心的分类算法，先挑选一些能够反映作者写作风格的词汇，在确定作者的文本中对这些词汇的出现频率进行统计，再统计这些词汇在不确定作者文本中的出现频率，根据词汇的出现频率推断作者。十多年的时间，他们终于推断出 12 篇文章的作者，而他们的研究方法也在统计学界引发轰动，被禁锢了两百多年的贝叶斯公式终于从魔盒里释放出来。

2. 美国天蝎号核潜艇搜救

1968 年 5 月，美国海军天蝎号核潜艇在大西洋亚速海海域失踪。军方通过各种技术手段调查无果，最后不得不求助于数学家 John Craven。

Craven 提出的方案同样也使用了贝叶斯公式，他召集了数学、潜艇、海事搜救等各个领域的专家，共同研究出一张海域概率图，一边掷骰子一边通过贝叶斯公式搜索某个区域，然后根据搜索结果修正概率图，再逐个排除小概率的搜索区域，最终指向一个"最可疑区域"。几个月后，潜艇果然在爆炸点西南方的海底被找到了。

2014 年年初，马航 MH370 航班失联，科学家想到的第一个方法就是利用海难、空难搜救的通行方法——通过贝叶斯公式进行区域搜索。这个时候，贝叶斯公式已经名满天下了。

语音识别
贝叶斯公式开始展示"神迹"

最后让贝叶斯定理站在世界中心位置的是人工智能领域，特别是自然语音的识别技术。

自然语言处理就是让计算机代替人来翻译语言、识别语音、认识文字和进行海量文献的自动检索。一直以来，它都是科学家面临的最大难题，毕竟人类语言可以说是信息里最复杂、最动态的一部分，近几年引入贝叶斯公式和马尔科夫链后，它有了长足进步。

文字翻译尚可理解，但语音涉及各种动态语法，机器怎么知道你说的是什么？不过，只要你看到机器翻译的准确性，你也会感叹这简直就是"神迹"，它们比大部分现场翻译要准确得多。

语音识别本质上是音频序列转化为文字序列的过程，即在给定语音输入的情况下，找到概率最大的文字序列。一旦出现条件概率，贝叶斯定理总能挺身而出。

基于贝叶斯定理，语音识别问题可以分解为：给定文字序列后

21　贝叶斯定理：AI 如何思考？

279

1　声学模型：语音识别系统中非常重要的部分之一，目前的主流系统多采用隐马尔科夫模型进行建模。对于语音识别系统，输出值通常就是从各个帧计算而得的声学特征。

2　语言模型：根据语言客观事实而进行的语言抽象数学建模，是一种对应关系。语言模型与语言客观事实之间的关系，如同数学上的抽象直线与具体直线之间的关系。

3　平行语料库：由原文文本及其平行对应的译语文本构成的双语语料库。语料库则是以电子计算机为载体，承载语言知识的基础资源，经科学取样和加工的大规模电子文本库。

出现这条语音的条件概率及出现该条文字序列的先验概率。对条件概率建模所得模型即为声学模型[1]，对出现该条文字序列的先验概率建模所得模型是语言模型[2]。

我们用 $P(f|e)$ 区别于以上的 $P(A|B)$ 来解释语音识别功能。

统计机器翻译的问题可以描述为：给定一个句子 e，它可能的外文翻译 f 中哪个是最靠谱的？我们需要计算 $P(f|e)$。

$P(f|e) \propto P(f) \times P(e|f)$ （ $\propto$ 符号代表 "正比例于"）

这个公式的右端很容易解释：那些先验概率较高，并且更可能生成句子 e 的外文句子 f 将会胜出。我们只需简单统计就可以得出任意一个外文句子 f 的出现概率。

然而，$P(e|f)$ 不是那么容易求的，给定一个候选的外文句子 f，它生成（或对应）句子 e 的概率是多大？好比英语翻译中，准确的翻译由具有高概率的句子组成，而翻译模型由大型双语平行语料库[3]训练而成，将中文语料与英文语料中相应的词汇分词对齐，英文句子才能通过复杂的数据生成中文翻译。在定义了什么是 "对应" 后，也就可以计算出 $P(e|f)$。

随着大量数据输入模型进行迭代和大数据技术的发展，贝叶斯定理的威力日益凸显，贝叶斯公式巨大的实用价值也愈发体现出来。

然而，作为人工智能产品的主要入口，语音识别仅仅只是运用贝叶斯公式的一个例子。实际上，贝叶斯思想已经渗透到了人工智能的方方面面。

贝叶斯网络
AI 智慧的拓展

语音识别是人工智能应用的一个重点，单个语音模型的建立让我们看到了贝叶斯定理解决问题的能力；而贝叶斯网络的拓展，则让我们看到了人工智能的未来。

借助经典统计学，人类已经解决了一些相对简单的问题。然而，经典统计学方法却无法解释由相互联系、错综复杂的原因（相关参数）所导致的现象，如龙卷风的成因，2 的 50 次方种可能的最小参数值比对；星系起源，2 的 350 次方种可能的星云[1]数据处理；大脑运作机制，2 的 1000 次方种可能的意识量子流；癌症致病基因，2 的 20000 次方种可能的基因图谱……

面对这样数量级的运算，经典统计学显得力不从心。

科学家只能选择一些可以信任的法则，并以此为基础，建立理论模型。贝叶斯公式正好帮他们实现了这一点。

把某种现象的相关参数连接起来，再把所有假设、已有知识、观测数据一起代入贝叶斯公式得到概率值，公式结网形成一个成因网，即贝叶斯网络，如图 21-1 所示。

1 星云：由稀薄的气体或尘埃构成的天体之一，包含了除行星和彗星外的几乎所有延展型天体。星云原本是天文学上通用的名词，泛指任何天文上的扩散天体，通常也是恒星形成的区域。

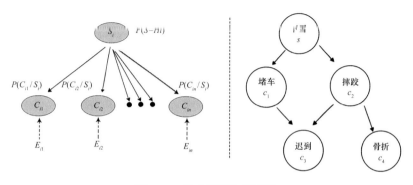

图 21-1 贝叶斯网络模型图

这样一种描述数据变量之间依赖关系的图形模式就是贝叶斯网络，它提供了一种方便的框架结构来表示因果关系，使不确定性推理的逻辑更为清晰，可理解性更强。这也是贝叶斯网络被称为概率网络、因果网络的原因。

错综复杂的贝叶斯网表达了各个节点间的条件独立关系，我们可以直观地从网中窥知属性间的条件独立及依赖关系，那些现象的因果关系在这张大网中一目了然。

利用先验知识和样本数据，确立随机变量之间的关联，为求解条件概率这一核心目的行方便，这就是看上去眼花缭乱、令人望而生畏的贝叶斯大网络的本质。

一个又一个的节点，一个又一个的概率，都来源于人类的先验知识，即以往的经验、现有的分析等。人类认知的缺陷越大，贝叶斯网络展示的力量越让人震撼。

21
贝叶斯定理：AI 如何思考？

今天一场轰轰烈烈的"贝叶斯革命"正在 AI 界发生：贝叶斯公式已经渗入工程师的骨子里，贝叶斯分类算法[1]也成为主流算法。在很多人眼中，贝叶斯定理就是 AI 发展的基石。

结语
AI 真的会思考吗？

AI 的第一课，都是从贝叶斯定理开始。因为大数据、人工智能和自然语言处理中都大量用到了贝叶斯公式。

我们无法预测贝叶斯公式与计算机结合的真正威力，因为一切才刚刚开始。贝叶斯公式与 AI 的结合，这到底是一场科学的革命，还是一场理念的革命？到底是生产力的革命，还是人类在革自己的命？

过去的科学家总结出客观的贝叶斯公式，现代科学家用这个公式给 AI 注射主观基因。这种主观仅仅只是一种数据的表达，还是意识觉醒的一种外在展示？而人类引以为豪的"我思故我在"，真的与 AI 的"贝叶斯思考"有区别吗？

1　贝叶斯分类算法：统计学的一种分类方法，它是一类利用概率统计知识进行分类的算法。在许多场合，朴素贝叶斯分类算法可以与决策树和神经网络分类算法媲美，该算法能运用到大型数据库中，而且方法简单、分类准确率高、速度快。

三体问题：挥之不去的乌云

$$m_i \ddot{r}_i = \sum_j \frac{m_i m_j}{r_{ij}^3} (r_j - r_i)$$

寻求三体解析解，是人类的梦想。

$$m_i \ddot{r}_i = \sum_j \frac{m_i m_j}{r_{ij}^3} \times (r_j - r_i)$$

07/31/2140 ± 120

凭借《三体》这本小说，刘慈欣单枪匹马地把中国科幻提升到世界水平。

小说以天体力学中的三体模型为基础，虚构了生活在"三合星"星系上的一群智慧生命，我们称之为三体人。每日，他们都在寻求三体解析解，以求生存。因为他们的星系里有三个太阳，这三个太阳无规则地进行"三体"运动，你根本不知道哪天会三日凌空，分分钟热死你；也不知道哪一天长夜将至，冰冻千年。

在这种无恒定的生存环境下，三体文明被毁灭了两百多次，"三合星"依旧不断地吞没所在星系的行星，只剩下最后一颗行星。若再无法解决三体问题，他们的生命将岌岌可危，只能开始想办法向外迁徙，首先成为他们猎物的就是地球。

一下子，"三体人"头顶挥之不去的乌云，就这么扩散到了地球人的头上。那么，三体问题究竟是什么？它们之间的运动到底有无规律？

牛顿时代
二体问题已得到彻底解决

三体问题这一振聋发聩的天问，还得从一颗"扫把星"说起。

公元 1066 年，一颗拖着长尾巴的古怪天体在夜空中缓缓划过，注视着人间即将上演的殊死一战。很快，黑斯廷斯的山冈上，英国国王哈罗德[1] 正带领着他的军队死死抵抗着诺曼人的入侵。这一夜，哀鸿遍野，血河流淌，英国终不敌诺曼人的强悍武力，只能痛苦地匍匐在敌人脚下俯首称臣，眼睁睁地看着入侵者趾高气扬地站上他们的王城之巅。

可悲的是，当时的人们将这一切灾难归咎为头顶那颗飞逝而过的神秘天体，他们认为这是一种不祥之兆。

像这种把彗星的出现和人间的灾难联系在一起的事例还有很多，但能够对此嗤之以鼻的人很少，天文学家哈雷算一个，他对彗星不仅不讨厌，还痴迷不已。哈雷长期不懈地观测、记录彗星的运行轨迹，

1 哈罗德：又称哈罗德二世，盎格鲁－撒克逊时期韦塞克斯王国的末代君主。忏悔者爱德华去世后，王后之兄哈罗德即位。他的王位受到挪威国王哈拉尔德三世及诺曼底公爵私生子威廉的挑战。1066年 10 月 14 日，英诺两军决战，结果英格兰军队战败，哈罗德二世本人也战死。诺曼底公爵威廉进入伦敦加冕为英格兰国王。

试图找出掩藏在这颗星体背后的运行规律。

　　为此，1684年，哈雷还专门前去剑桥请教牛顿，结果让他欣喜若狂。牛顿准确地告诉他：物体间引力和距离的平方成反比。而且根据牛顿的计算结果可知，天体都是围着一条椭圆的轨道运行的。随后，哈雷利用牛顿的理论成功预测了彗星再次降临地球的时间，这就是著名的"哈雷彗星[1]"命名的由来。

　　哈雷对牛顿竟然早就知道天体运行秘密的远见卓识佩服得五体投地，因此，总督促牛顿将他的学术成果著作成书。后来，随着牛顿的巨著《自然哲学的数学原理》出版，"扫把星"这无辜的"背锅侠"也洗清了冤屈。

　　牛顿在《自然哲学的数学原理》中用数学方法严格地证明了开普勒二大定律，使二体问题得到彻底解决，这也是迄今为止唯一能彻底求解的天体力学问题。所谓二体问题，是只考虑两个具有质量 m_1 和 m_2 的质点之间的相互作用（只考虑万有引力），像地球的自转、形状等影响因素被忽略不计。设 m_1、m_2 的向径是 R，那么它们的向径加速度就是关于时间的二阶导数：$\dfrac{\mathrm{d}^2(R)}{(\mathrm{d}t)^2}$（$R$ 对 t 的二阶导数）。

　　根据万有引力定律，向径加速度应该等于向心力与质量 m 的比，即 $-\dfrac{uR}{r^3}$。

　　以上两式相等，于是得到二体运动方程：

$$\frac{\mathrm{d}^2(R)}{(\mathrm{d}t)^2} = -\frac{uR}{r^3}$$

式中，R 为向径；r 为 R 的模；u 为地球引力常数，是人造地球卫星运动中常用的常数，具体的公式为 $u=GM$，其中 G 为万有引力常数，M 为地球质量，即万有引力公式的变形。

　　如果以 m_1 和 m_2 表示太阳和行星的质量来研究它们的运动情况，即二体问题在数学上可以归结为求解如下的微分方程：

$$F_{12}(x_1 x_2) = m_1 \ddot{x}_1$$

$$F_{21}(x_1 x_2) = m_2 \ddot{x}_2$$

1　哈雷彗星：每 76.1 年环绕太阳一周的周期彗星，因英国物理学家爱德蒙·哈雷（1656—1742）首先测定其轨道数据并成功预言回归时间而得名。

终极追问
人类顶尖科学家无功而返

身处三维世界的我们，到底能不能解开"三体"这个结？

二体问题的成功解决，给了牛顿希望，他开始迫不及待着手研究三体问题。不得不说，年轻的牛顿是一个非常上进的青年，如果"三体人"真的占领了地球，可能唯一能够活命的也就是他了。

我们来描述一下牛顿引入了第三个球体后的感觉。作为伟大的数学家，图形在牛顿的意识深处都是数字化的，这种天然的数学感觉让他在解决一球和二球问题时并不吃力，所有的运动轨迹都能用几个方程来表示，就算复杂如晚秋的落叶，也只是几个方程的叠加，再加上几个变量和参数。可是，第三个球体一旦被引入数学模型中，这个三球世界一下子变得不可捉摸。三个球体在数学模型中进行着永不重复的随机运动，描述它的函数方程如潮水般涌现，无休无止，不可断绝。

牛顿研究三体问题也不仅仅是为了证明自己比莱布尼茨厉害，因为三体问题是天体力学中的基本模型，即探究三个质量、初始位置和初始速度都为任意的可视为质点的天体，在万有引力的作用下的运动规律。这个规律值得好好研究。

最简单的例子就是太阳系中太阳、地球和月球的运动。但没想到的是，这个从 2 到 3 看起来非常简单的数字跳转问题，却使牛顿头痛不已。像两个球那样有流畅曼妙的椭圆轨道的曲线没有了，牛顿在三体问题计算中，得到的曲线越走越远，杂乱无章的答案将牛顿带入失落的漩涡，三体为什么不能周而复始地运行下去呢？这个问题牛顿得不到答案，也没有人能为他解答。所以牛顿认为，我们的太阳、地球再加上月亮的系统是不稳定的。

这是一件多么令人沮丧的事啊！到了晚年，失落的牛顿之所以寄情于上帝的神迹，大概是想通过无所不能的上帝来解决心中的疑惑吧。

但岂止是牛顿，即使是几百年之后的今天，经历了无数位科学家、数学家勤勤恳恳地日夜追寻，三体问题仍然未能圆满地解决，大于 3 的 N 体问题自然就更为困难了。

如此困难重重的三体问题却是天体运动中非常常见的，如与我们生活息息相关的太阳、地球、月亮，它们根据牛顿的计算，就好像是三个调皮的小孩跑来跑去，万有引力作用不能将它们乖乖聚集在一起。

三体问题的真正解决办法是建立一种数学模型，使三体在任何一个时间断面的初始运动矢量已知时，能够精确预测三体系统以后的所有运动状态。若根据牛顿万有引力定律和牛顿第二定律，我们可以得到在三体问题中，作用于质点 Q_i 的力为：

$$\sum_j F_{ij} = \sum \frac{m_i m_j}{r_{ij}^3}(r_j - r_i) \quad (j \neq i)$$

式中，m 为质点的质量；r 为质点的位置矢量；r_{ij} 为两质点间的距离；F_{ij} 为两质点间的作用力。

而三体问题的运动微分方程可写为：

$$m_i \ddot{r}_i = \sum_j \frac{m_i m_j}{r_{ij}^3}(r_j - r_i) \quad (j \neq i;\ i, j = 1, 2, 3)$$

一般的三体问题，每一个天体在其他两个天体的万有引力作用下，其运动方程都可以表示成六个一阶的常微分方程。因此，一般二体问题的运动方程为十八阶方程，必须得到 18 个积分才能得到完全解。然而，现阶段还只能得到三体问题的 10 个初积分，远远不足以解决三体问题。

三体问题
百年数学大厦上挥之不去的乌云

1900 年，慧眼如炬的数学家希尔伯特在他的演讲中提出了 23 个困难的数学问题及两个典型例子，第一个例子是费马大定理，第二个就是 N 体问题的特例 —— 三体问题。1995 年，费马大定理终于得以解决，但三体问题仍然是数学天空的一朵乌云，始终挥之不去。

我们常说的"三体问题无解"，准确地来说，是无解析解，意思是三体问题没有规律性答案，不能用准确无误的解析式进行表达，只能算一个数值解，并且得出的数值并不是一个精确值。对于三体问题得出的初始数值解，一开始只有极小的误差，但在时间的推移下，这个误差会被逐渐放大。当时间趋于无穷时，数字"龙卷风"早就不知道将三体轨道刮向何处了。三体轨道的长时间行为的不确定性，就被称为混沌现象。

三个物体在空间中的分布可以有无穷多种情况，由于混沌现象的存在，通常情况下三体问题的解是非周期性的。但在特殊条件下，一些特解是存在的。例如，在合适的初始条件下（位置、速度等），系统在运动一段时间之后能够回到初始状态，即进行周期性的运动。

在三体问题被提出的 300 年内，仅有 3 种类型的特殊解（不是通解）被发现，到了 2013 年，才有了明显的突破，两位物理学家又发现了 13 种新特解。

其实，三体运动已经将球体自转速度、形状等限制条件忽略不计了。即使是这样，牛顿、拉格朗日、拉普拉斯、泊松、雅可比、庞加莱等大师为这个问题穷尽一生精力，所得到的结果也仅仅是多体系统，除已知的 10 个守恒量[1]外，没有其他守恒量。守恒量可以用来降低解的维度，是当时流行的解动力系统的方法，而这个结果表明该方法对多体问题的解决用处不大。传到民间，这个结果经常被误解为"三体问题无解"，专业一点的说法是"无精确解"或"无解析解"。

科学发展到现在，三体问题的求解和应用其实就是一部科学家们穷尽一生苦求无果的心酸简化史。但就像《阿甘正传》电影台词说的："生活就像一盒巧克力，你永远不知道你会得到什么。"人类在科学摸索之路上也是一样的，因为未知，所以摸索到更多的可能性。浩瀚宇宙中真的有外星人吗？准确地说，答案并不确定。但由这个问题引出许多深刻的讨论，它们可能比问题本身的解答更为重要。

1 守恒量：天文学专有名词，或者说运动恒量，是指无论体系处于什么样的状态（定态或非定态），力学量 A 的平均值及测量值的分布均不随时间变化，所以称 A 为体系的一个守恒量。

2 角动量：在物理学中与和物体到原点的位移和动量相关的物理量。它表征质点矢径扫过面积的速度大小，或刚体定轴转动的剧烈程度。

对于科学家来说，他们不相信哲学家的话，而是希望用数学方程解开谜团。所以，关于三体的求解，科学家们会一直追寻下去。

退而求其次

三体问题简化——限制性三体

既然三体问题这个"小魔王"都已经如此不好对付了，那就更不用说考虑质点更多的四体问题、N 体问题这种超级"大魔王"了。深谙要稳扎稳打，逐步击破敌人防御塔的地球人决定退而求其次，对三体模型进行简化，因此就有了限制性三体问题的研究。限制性三体问题是在二体问题的基础上，加入了一个对二体运动无影响的质点，研究该质点在二体引力作用下的运动。其中根据二体运动规律的不同，将限制性三体问题分为圆型、椭圆型、抛物型及双曲型等限制性三体问题。我们只谈其中最简单的模型 —— 平面圆型限制三体问题。

18 世纪法国数学家、力学家和天文学家拉格朗日为了求得三体问题的通解，日思夜想，绞尽脑汁，最后他采用了一个非常极端的例子作为二体问题的结果，并在 1772 年发表于论文《三体问题》中，即如果某一时刻，三个运动物体恰恰处于等边三角形的三个顶点，那么给定初速度，它们将始终保持等边三角形队形运动。这个推论的结果是得到五个平动点，又称拉格朗日点，在天体力学中是平面圆型限制三体问题的五个特解。这些点的存在由瑞士数学家欧拉于 1767 年推算出前三个，法国数学家拉格朗日于 1772 年推导证明其余两个。这五个拉格朗日点中只有两个是稳定的，即小物体在该点处即使受外界引力的干扰，仍然有保持在原来位置处的倾向。每个稳定点同两大物体所在的点构成一个等边三角形，我们设定这五个平动点分别为 L_1、L_2、L_3、L_4、L_5，如图 22-1 所示。

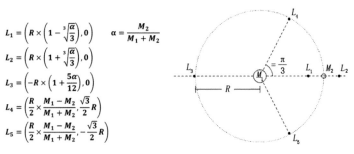

$$L_1 = \left(R \times \left(1 - \sqrt[3]{\frac{\alpha}{3}}\right), 0\right) \qquad \alpha = \frac{M_2}{M_1 + M_2}$$

$$L_2 = \left(R \times \left(1 + \sqrt[3]{\frac{\alpha}{3}}\right), 0\right)$$

$$L_3 = \left(-R \times \left(1 + \frac{5\alpha}{12}\right), 0\right)$$

$$L_4 = \left(\frac{R}{2} \times \frac{M_1 - M_2}{M_1 + M_2}, \frac{\sqrt{3}}{2}R\right)$$

$$L_5 = \left(\frac{R}{2} \times \frac{M_1 - M_2}{M_1 + M_2}, -\frac{\sqrt{3}}{2}R\right)$$

图 22-1　五个拉格朗日点示意图

L_1、L_2 和 L_3 在两个天体的连线上，为不稳定点。若垂直于中线地推移测试质点，则有一力将其推回平衡点；但若测试质点漂向任一星体，则该星体的引力会将其拉向自己。不过，虽然它们是不稳定的，但是可以选取特定的数值使系统原来的解退化为近似周期解，相应的平动点的运动变为稳定的，此时这种稳定称为条件稳定。

对于 L_4、L_5，当 $0 < \mu < \mu^*$ 时（其中 μ^* 满足 $\mu^*(1 - \mu^*) = \frac{1}{27}$），$L_4$、$L_5$ 是线性稳定的。对于太阳系中处理成限制性三体问题的各个系统，如日－木－小行星、日－地－月球等，相应的 μ 均满足条件 $0 < \mu < \mu^*$（μ^* 满足 $\mu^*(1 - \mu^*) = \frac{1}{27}$）。对于 $\mu^* < \mu < \frac{1}{2}$ 的情况，显然是不稳定的。

消灭三体暴政
世界属于数学

三体问题像一个暴躁的国王，它喜怒无常的出行路线永远让人捉摸不定。

当理论物理学家开始绝望时，现实中的拉格朗日点已有所应用。1906 年，一颗活泼好动的小行星出现在天文学家的视线里。它不是乖乖地待在火星与木星之间的小行星带中，而是紧追木星步伐一起探险，它的运行轨道和木星是相同的。最奇妙的是，它的绕日运动周期也与木星相同。从太阳上看，它总是在木星之前 60° 运转，不会与木星贴近。这颗小行星被命名为"阿基里斯"，赞誉它是荷马史诗里特洛伊战争[1]中的希腊英雄。

小行星"阿基里斯"的出现,让睿智的科学家马上联想到这很可能是三体问题中的一个特例,一番寻觅之后,天文学家很快就在木星之后60°的位置上发现了"阿基里斯"的小伙伴。迄今为止,已有700颗小行星在木星前后这两个拉格朗日点上被找到,这些处在拉格朗日点上的小行星都以特洛伊战争里的英雄命名,并有一个集体称号:特罗央群小行星。特罗央实际上就是古希腊神话中小亚细亚的特洛伊城。

一下子,这深邃夜空中闪烁的群星,就在数学运算下不再遥不可及,浩渺的宇宙在科学的预见中也不再神秘莫测,处处闪烁着数学智慧的光芒。

结语
寻找通往三体世界的地图

虽然《三体》是一本虚构小说,但数学中的三体问题却是实际存在的。三体问题是否真的无解,人类现在还没有办法得出结论,如果找到了通往三体世界的地图,人类会跃升一个文明等级吗?

而量子计算在这个过程中能扮演什么角色?三体属于算力问题,还是规律问题?究竟是因为文明层次决定了我们在面对某些问题时受限,还是因为人类少了希尔伯特这样的天才?

一切都是未知。摧毁三体的光粒文明,之所以能击中三体的一颗恒星,是因为他们解析出了三体运动吗?这一切,并非只是科幻,更要做出科学的理性思考。

椭圆曲线方程：比特币的基石

$$y^2 = x^3 + ax + b$$

人会说谎，但数学不会骗人。

公式之美

量子学派 ◎ 编著

北京大学出版社

PEKING UNIVERSITY PRESS

内容简介

人类发明数学公式，来描绘浩瀚宇宙和人生百态。世界的繁华秀丽，映衬出符号公式的简洁之美。爱因斯坦的质能方程和杨振宁的规范场，摸索出宇宙终极游戏的规则；费马大定理和欧拉恒等式，揭示出宇宙变化背后的数学世界；从凯利公式到贝叶斯定理，逐渐完全预测人类行为；蝴蝶效应的洛伦兹方程组和三体问题，则告诉我们数学的界限。

量子学派倾心打造《公式之美》，包含23个人类最普遍、最深刻、最实用的公式，书写天才们探索自然和社会的辉煌历史。

图书在版编目(CIP)数据

公式之美 / 量子学派编著. — 北京：北京大学出版社，2020.9
ISBN 978–7–301–31449–4

Ⅰ.①公… Ⅱ.①量… Ⅲ.①数学 – 普及读物 Ⅳ.①O1–49

中国版本图书馆CIP数据核字(2020)第125839号

书　　　名	公式之美 GONGSHI ZHI MEI
著作责任者	量子学派　编著
责 任 编 辑	张云静　吴佳阳
标 准 书 号	ISBN 978–7–301–31449–4
出 版 发 行	北京大学出版社
地　　　址	北京市海淀区成府路205 号　100871
网　　　址	http://www.pup.cn　　新浪微博: @ 北京大学出版社
电 子 邮 箱	编辑部 pup7@pup.cn　总编室 zpup@pup.cn
电　　　话	邮购部 010–62752015　发行部 010–62750672　编辑部 010–62570390
印 刷 者	天津裕同印刷有限公司
经 销 者	新华书店
	720毫米×1020毫米　16开本　19.5印张　309千字
	2020年9月第1版　2024年5月第11次印刷
印　　　数	72001–76000册
定　　　价	128.00 元

公式之美

$$a^2 + b^2 = c^2$$

$$dS \geq \frac{dq}{T}$$

$$\int_a f'(x)dx = f(b) - f(a)$$

$$x^5 + ax^4 + bx^3 + cx^2 + dx + f = 0$$

$$\mathcal{L}_{gf} = -\frac{1}{2}T_r(F^2) = -\frac{1}{4}F$$

万物速朽
唯有公式永恒

EVERYTHING IS EPHEMERAL BUT
FORMULA IS ETERNAL

$$x^n + y^n \neq z^n \ (n \neq 2)$$

$$C = B\log_2\left(1 + \frac{S}{N}\right)$$

$$F = \frac{Gm}{R^2}$$

$$(X, Z)$$

编委会

特别感谢

序

公式铸就文明天梯

1854 年之前，欧洲数学家灿若星辰，笛卡儿、拉格朗日、牛顿、贝叶斯、拉普拉斯、柯西、傅里叶、伽罗瓦等，无一不是数学天才。

1854—1935 年，高斯、黎曼等人在数学界领袖群伦，德国取代英法成为世界的数学中心。

1935 年之后，希特勒给美国送上"科学大礼包"：哥德尔、爱因斯坦、德拜、冯·诺依曼、费米、冯·卡门、外尔……很多科学家逃至北美，数学大本营从德国转向美国，美国成为世界的数学中心。

每一次数学中心的交替，都是文明中心的变换，可见，文明造就数学，数学推动文明，两者相辅相成。

回溯过去，人类自第一次领悟 1+1=2 的原理，便拥有了朴素的数理思维，这也标志着人类开始搭建文明的阶梯。这块阶梯举足轻重，它是文明的基石。

当古人开始用数理知识总结自然规律时，文明的进化便由此启程。人类从石器时代走进农耕时代，又从工业时代跨入信息时代，数学是不可或缺的"第一功臣"，而公式则是这位功臣手中最锋利的剑。

人本不过是宇宙中的一粒尘埃，却能洞见宏大宇宙之真谛。

如果我们将人类视为文明个体，那么公式则凝聚着人类顶尖的智慧。当人类步履匆匆来到这个宇宙，最终又不得不离去之时，当肉体归为尘埃，随风飘散的时候，唯有公式，成了人类文明在宇宙存在过中的见证。

公式是充满智慧的，同样也是美的。欧拉公式中的五大常数、混沌定理中飞舞的蝴蝶、斐波那契数列中的黄金螺旋线……公式的美不是外表的繁华与昙花一现，而是内在的永恒。

> 一片落叶飘落，就是一段美妙的函数方程，
> 没有什么能比公式更动人地描绘宇宙之美。

在刚刚被邀请为此书作序时，我心中颇受触动！

作为一个数学爱好者，深知出版这样一本书的不易。每一个公式就是一门学科，每一个公式就是一个世界，书中所提及的公式不仅涵盖代数、群论、数论、微积方程、几何拓扑学、非欧几何等多个数学分支，还跨越了力学、热力学、电磁学、相对论、量子力学、天体物理等自然学科，并囊括了计算机、AI、区块链等前沿领域。

《公式之美》用既专业又有趣，既严谨又通俗的语言，向我们展示"公式之美"，既要照顾专业，又要普及大众，非常不容易。

在这个越来越浮躁的时代，公式是重塑时代理性最重要的知识之一。只要还有人相信公式铸就了人类智慧攀升的天梯，就代表文明的天梯可以无限延展下去。

北京大学数学科学学院教授，北京数学会理事长

公式之美

让人着迷的数学公式

前言

人类的墓志铭

> 万物速朽，唯有公式永恒；
>
> 人间虚妄，数学是唯一真理；
>
> 存在即数，0 和 1 统治一切；
>
> 大道至简，数是最美的语言……

哥廷根是德国萨克森州的一座小城。它占地 120 平方千米，有 13 万居民。这座小有名气的"花都"，曾经是数学世界的"麦加"。

哥廷根小城有一个墓园，是科学爱好者眼中的"圣地"。在这小小的墓园里，长眠着数位优秀科学家。走近这个小世界，人能一瞬间变得安详、静穆，不再有任何杂念。

第一次来到哥廷根，穿越莱纳河，拜访雅可比教堂，瞻仰高斯雕塑，本以为已经走进了这座城市的历史深处，了解了它的内心世界——它的沉默和严谨让它站在了 19 世纪的学术巅峰，它的深刻和纯粹使它成为 20 世纪的数学庄园。

然而，只有走近这片回荡着数学余韵的墓地，看到这些刻着符号的墓碑，读懂上面的铭文后才明白，为什么这座面积不足中国香港 1/9 的小城会在科学史上留名，会吸引足足 45 位诺贝尔奖得主在此学习、研究、思考……最后长眠于此。

相比帝王陵寝，这里的墓碑并不恢宏。然而，只要你认真观察，你会被一块块墓碑上的墓志铭所震撼。奥托•哈恩墓碑上的核反应公式，玻恩墓碑上的波函数概率分析，普朗克墓碑上的量子力学常数值……每一道墓志铭背后，隐藏的都是一段辉煌人生。

这些灵魂的伟大难以用文字来描述，每段人生都仰之弥高。唯有由数字、字母组成的极简符号，即天书一般的公式，才能匹配他们的不朽。

可能有人会质疑，这些数字符号既不能果腹，也不能消遣，还有一些公式至今毫无用处，何以经得起如此之高的赞誉？是的，欧拉公式看似完美，实用性却不强；三体问题争论百年，至今悬而未决；还有更多公式始终让人不明所以……但这些貌似"无用"的公式才是人类至宝。

古希腊几何学家阿波洛尼乌斯总结了圆锥曲线理论，一千多年后，德国天文学家开普勒才将其应用于行星轨道；高斯被认为最早发现非欧几何，半个世纪后，由他弟子创立的黎曼几何成为广义相对论的数学基础。伴随着杠杆原理、牛顿三大定律、麦克斯韦方程、香农公式、贝叶斯定理等，人类向蒸汽时代、电力时代、信息时代乃至人工智能时代徐徐迈进。

此时，雨还在下，墓园十分幽静，仅有的一座礼堂也被绿荫遮蔽。沿着绿荫大道，走到藤蔓茂盛的莲花池边，诺贝尔奖得主普朗克、哈恩、海森堡、劳厄和温道斯的墓碑一字排开，而极具争议的科学家海森堡只有一块纪念碑，他曾经的老师玻恩则靠近墓园东南角，似乎不太愿意与这位弟子待在一起。此地还有无数先贤和随行的痴者，同伴试图找到狄利克雷、克莱因、希尔伯特、外尔和闵可夫斯基的墓碑，但墓碑在林间散落，难以一一辨别。

直面每一座墓碑上的公式，聆听到的都是高维的回声。虽有绿荫掩映、杂草共生，但没有什么能遮盖这无与伦比的光芒。

回首人类文明，人类如果在热寂的宿命里要给自己建立一座墓碑的话，那墓碑上应该镌刻些什么呢？毫无疑问，一定是某个公式。

至于到底是选择牛顿的万有引力定律公式，还是量子世界的薛定谔方程；是开创电磁时代的麦克斯韦方程组，还是洞察宇宙的爱因斯坦质能方程；是接近大统一理论的杨·米尔斯方程，还是放之四海皆准的熵增定律公式，每个人都有自己的答案。但无论是以上哪个公式，它们都会向整个宇宙诉说：在广袤的宇宙中，有一个位于银河系边缘第三旋臂 —— 猎户臂上的蓝色星球，这颗星球上存在的智慧种族，发现了宇宙的规律。

正式之美

建筑之美

目录

理论篇

1 SHA256 算法：
SHA-2 下细分的
一种算法。SHA-2
的名称来自安全散
列 算 法 2（Secure
Hash Algorithm 2）
的缩写，是一种密
码散列函数算法标
准，由美国国家安
全局研发，属于
SHA 算法之一。

2009 年 1 月 3 日，中本聪一直从下午忙到黄昏，在赫尔辛基的一个小型服务器上创建、编译、打包了第一份开源代码。尽管这份代码非常简陋，至今仍被很多程序员嘲笑，然而它还是正常运行了 SHA256 算法[1]、RIPEMD-160 算法[2]、Base58 编码[3]。在 2009 年 1 月 3 日 18 点 15 分，比特币世界的第一个区块（block）被创建。

这一天被比特币信徒称为"创世日"，而这个区块也被称为"创世块"，中本聪则成了"创世主"。这一天标志着比特币的诞生！

比特币诞生的前夕

20 世纪 90 年代，互联网的浪潮席卷全球，全世界都为之狂欢。唯有部分密码朋克沉默不语，这个天生与计算机为伍的极客团体，集结了大批计算机黑客、密码学者。

他们拥有敏锐的大脑，没有人比他们更熟悉代码世界。

2 RIPEMD-160
算法：对输入字
符 实 现 RIPEMD
家族四种消息摘
要算法。RIPEMD
为 RACE Integrity
Primitives Evalua-
tion Message Digest"
的缩写，是基于
MD4 算法原理并
弥补了 MD4 算法
缺陷而开发出来
的，RIPEMD-160
是 对 RIPEMD-128
的改进，也是最常
见的 RIPEMD 系的
算法。

作为互联网世界最早的原住民和创世者，除了了解互联网对人类未来社会的引领力外，同时也对互联网可能带给人类的负面影响警惕万分，特别是隐私领域被侵犯，这是最让人头痛的地方。在互联网世界，隐私保护问题不仅仅是社会治理结构的问题，如果没有强大的技术力量作为支撑，根本不可能成功保护隐私。

如果互联网世界中的企业日益做大，而后它们成长为虚拟世界的"中心节点"，最后一定会成长为权力中心，成为互联网自由世界的"噩梦"。而其中最让人担心的就是支付体系问题，这里面涉及个人财富的稳私，那如何来保护自己的互联网财富？

早在 1990 年，大卫·乔姆就提出注重隐私安全的密码学网络支付系统，其具有不可追踪的特性，这就是后来的 E-cash，这是真正意义上的第一代电子货币。

3 Base58 编码：
一种二进制转可视
字符串的算法，主
要用来转换大整数
值。比特币就使用
了根据 Base58 编
码改进的 Base58
算法。

1992 年，以蒂莫西·梅为发起人，美国加州物理学家和数学家秘密汇聚。出于对 FBI（Federal Bureau of Investigation，美国联邦调查局）和 NSA（National Security Agency，美国国家安全局）的警惕，这帮技术自由主义派偷偷成立了一个密码朋克小组，主要目的是捍卫数字世界公民隐私，讨论的议题包括追求一个匿名的独立电子货币体系。

他们都有着这样的共识：如果期望拥有隐私，我们必须亲自捍卫之，使用密码学、匿名邮件转发系统、数字签名及电子货币来保障公民的隐私。

正如印刷技术改变了中世纪的行会及社会权力结构一般，他们相信密码技术方法也将从根本上改变机构及政府干预经济交易的方式。

由此，利用密码学开发一种可以不受任何政治力量或金融力量操控的电子货币摆上了密码朋克小组的议程。

1998 年，戴伟提出了匿名的、分布式的电子加密货币系统——B-money。

2005 年，尼克·萨博提出比特金的设想，用户通过竞争性地解决数学难题，再将解答的结果用加密算法串联在一起公开发布，构建出一个产权认证系统。

从乔姆的 E-cash，到戴伟的 B-money，再到萨博的比特金……几代密码朋克怀着对自由货币的向往，像堂吉诃德一般偏执而骄傲，试图成为互联网货币的铸币者，却最终都功亏一篑。

尽管这些理论探索一直并未真正进入应用领域，也长期不为公众所知，但这些研究成果极大地加速了比特币的面世进程。

数字货币的诞生历程，就像是一次接力赛。非对称加密[1]、点对点技术[2]、哈希现金（Hash Cash）[3]这些关键技术没有一项是中本聪发明的，而他站在前人的肩膀上，创造出了比特币。

支撑比特币的数学共识

乔姆、戴伟、萨博三人是冲在前锋的排头兵，非对称加密、点对点技术、哈希现金这三项关键技术则是在货币自由道路上披荆斩棘的利器。

1　非对称加密：区别于对称加密只使用同一密钥进行加密和解密，非对称加密算法需要两个密钥来进行加密和解密，这两个密钥是公钥（public key）和私钥（private key）。由此，加密和解密的过程被分开，只有参与加密和解密的人才能够通过公私钥进行加密和解密，这保证了数据传输的安全。

2　点对点技术：又称对等互联网络技术，是一种网络新技术，其依赖网络中参与者的计算能力和带宽，而不是把依赖都聚集在较少的几台服务器上。纯点对点网络没有客户端或服务器的概念，只有平等的同级节点，同时还对网络上的其他节点充当客户端和服务器，是一个完全去中心化的架构。

3　哈希现金：比特币采用的工作量证明机制，本质上是利用了单向信息摘要算法，如 SHA，由此计算出一个带随机数的字符串的哈希值，并且指定哈希值符合一定规律。

前两项技术使分布式交易账簿[1]得以建立，避免了数据被篡改，哈希现金算法则在 2004 年经过哈尔·芬尼改进为"可复用的工作量验证（Reusable Proofs of Work，RPOW）"后，成功被中本聪用来攻克加密货币的最后关键难点 —— 拜占庭将军问题[2]，即双重支付问题。

汇集加密圈先驱们的奋战经验，以及累积数代人的技术成果，中本聪借助数学力量建立起区块链世界：以 ECC 椭圆曲线为钱包基础，以去中心化为精神内核，以 SHA256 算法为最后的数学堡垒，力图对抗互联网世界中的商业巨头和国家垄断！

2008 年 11 月 1 日，在美国金融危机引发全世界经济危机之时，论文《比特币：一种点对点的电子现金系统》被发布。

2009 年 1 月 3 日，中本聪打包了第一份开源代码，比特币世界的第一个区块被创建。

此后，比特币市值一路水涨船高，虽然过程中也曾多次面临绝境，但一直受到更多人的支持与拥护，因为他们坚定地相信比特币背后的最大支柱 —— 数学。

纵观比特币的方方面面，都与数学密不可分。

（1）哈希算法。

有比特币"安全之链"之称的哈希算法，是一种将任意长度的消息压缩到某一固定长度的消息摘要的函数。这种哈希函数有一个单向性，任何东西进去，出来都是一串随机数，这串随机字符串就是哈希值，也称散列值。

在比特币系统中，主要使用了两个哈希算法：SHA256 和 RIPEMD160。它们的应用会组合成两个函数：Hash256 和 Hash160。Hash256 主要用于生成标志符，如区块 ID、交易 ID 等；而 Hash160 主要用于生成比特币地址。

（2）工作量证明机制。

在比特币节点里，任何人都可以争取记账权，谁最先解决一道数学题，谁就能获得记账的权力。这种数学题有一个特点 —— 解起来很难，验证很容易，这就是比特币的工作量证明机制。

"假设解题是在扔 4 个骰子，谁扔出小于 5 的点数就对了，扔出来比较困难，但是验证却很简单。"这就是比特币的哈希碰撞，也是区块链的工作本质。

1　分布式交易账簿：一种在网络成员之间共享、复制和同步的数据库，没有中心管理员或集中数据存储。分布式交易账簿记录网络参与者之间的交易，如资产或数据的交换。这种共享账本降低了因调解不同账本所产生的时间和开支成本。

2　拜占庭将军问题：由莱斯利·兰伯特提出的点对点通信中的基本问题。其含义是，在存在消息丢失的不可靠信道上，试图通过消息传递的方式达到一致性是不可能的。因此，对一致性的研究一般假设信道是可靠的，或不存在本问题。

（3）椭圆曲线加密算法。

非对称加密公钥与私钥的组合建立在一个更高层的数论之上，称为椭圆曲线。

这个数学方程虽然看起来很简单，但它却是证明世界三大难题之一费马大定理的关键。1955 年，日本数学家谷山丰洞察天机，提出了谷山 - 志村猜想，建立了椭圆曲线和模形式之间的重要联系，为后来英国数学家怀尔斯寒窗 10 年苦证费马大定理指了一条明路，也为中本聪发明比特币协议开启了一扇智慧大门。

比特币通过椭圆曲线选取密钥对，由私钥计算出公钥，公钥加密，私钥解密，利用椭圆曲线对数据进行签名验证。这个过程，使交易、签名和认证变为了可能，保证了比特币的安全。

椭圆曲线方程
比特币的基石

相比于其他数学应用，椭圆曲线方程在比特币中扮演着关键角色。可以说，没有椭圆曲线方程，就没有比特币的安全性，没有安全性，比特币就不可能建立货币信用。

能建立起这么一套强大的加密系统其实并不容易，这背后充满了博弈与阴谋。

NSA（National Security Agency，美国国家安全局）是加密世界里最大的"魔鬼"，在 20 世纪 90 年代末以前，非对称加密技术被视为军用，均在 NSA 的严密监视下。虽然在这之后，NSA 表面放弃了对加密技术的控制，使这些技术得以走进公众领域，并使其广泛应用于网络通信。但实际上 NSA 仍在干涉加密领域，通过对加密算法置入后门，然后将被置入后门的算法推广为标准算法，轻而易举地获取使用者的信息。

有趣的是，中本聪并不信任 NSA 公布的加密技术。2013 年 9 月，爱德华·斯诺登[1] 曝料 NSA 采用秘密方法控制加密国际标准，加密货币采用的椭圆曲线函数可能留有后门，NSA 能以不为人知的方法弱化这条曲线。所幸，中本聪使用的不是 NSA 的标准，而是选择了

1　爱德华·斯诺登：前 CIA（Central Intelligence Agency，美国中央情报局）技术分析员，后供职于国防项目承包商博思艾伦咨询公司。2013 年 6 月，斯诺登将美国国家安全局关于 PRISM 监听项目的秘密文档披露给了《卫报》和《华盛顿邮报》，随即遭美国政府通缉，事发时人在香港，随后飞往俄罗斯。

Secp256k1 椭圆曲线，如图 23-1 所示，它是一条随机曲线，而不是伪随机曲线。

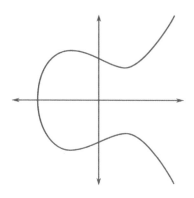

图 23-1　Secp256k1 椭圆曲线

由此，依靠 Secp256k1 椭圆曲线，全世界只有极少数程序躲过了这一漏洞，比特币便是其中之一。

不过，想要弄清 Secp256k1 椭圆曲线，我们首先要了解椭圆曲线是什么。

Math World 线上数学百科全书给出了一个完整的定义，椭圆曲线是一个具有 x 和 y 两个变元的魏尔斯特拉斯方程[1]：

$$y^2 + axy + by = x^3 + cx^2 + dx + e$$

数学上一般简单表示为：

$$y^2 = ax^3 + bx + c$$

判别式为 $\Delta = -4a^3c + a^2b^2 - 4b^3 - 27c^2 + 18abc \neq 0$，其具有两个重要特性。

（1）任意一条非垂直的直线与椭圆曲线相交于两点，若这两点均不是切点，那该直线必与该曲线相交于第三点。

（2）过椭圆曲线上任意一点的非垂直切线必与该曲线相交于另一点。

常用于密码系统中的椭圆曲线则是基于有限域[2]$GF(p)$ 上的椭圆曲线，方程表示为：

$$y^2 = x^3 + ax + b(\bmod p)$$

Secp256k1 椭圆曲线指的是比特币中使用的 ECDSA（Elliptic Curve Digital Signature Algorithm，椭圆曲线数字签名算法）曲线的参

数，它总共包含以下六个参数：a、b、p、G、n、h，下面分别进行介绍。

参数 a、b，是椭圆曲线方程 $y^2 = x^3 + ax + b$ 中的 a 和 b。这两个参数决定了 Secp256k1 所使用的椭圆曲线方程。在 Secp256k1 椭圆曲线中，它们的值分别是 $a = 0$ 和 $b = 7$。

所以方程是 $y^2 = x^3 + 7$，在实数域上画出来如图 23-2 所示。

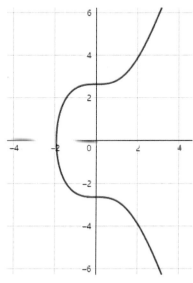

图 23-2　实数域上的椭圆曲线

参数 p，由于密码学上使用的椭圆曲线都是在有限域上定义的，因此对于 Secp256k1 椭圆曲线来说，它使用的有限域是 $GF(p)$，即它的曲线方程实际上是 $y^2 = x^3 + 7 \pmod p$。

参数 G，是椭圆曲线上的一个点，称为基点。

参数 n，是使 $nG = 0$ 的最小正整数。

参数 h，一般取 $h = 1$。h 是椭圆曲线群的阶[1]与由 G 生成的子群的阶的比值，是设计 Secp256k1 椭圆曲线时使用的参数。

作为基于 $GF(p)$ 有限域上的椭圆曲线，Secp256k1 椭圆曲线由于其构造的特殊性，优化后可比其他曲线的性能提高 30%，明显表现出以下两个优点，即占用很少的带宽和存储资源，密钥的长度很短，以及让所有的用户都可以使用同样的操作完成域运算。

当然，更重要的还是它保障了密钥对生成和签名验证的安全，为比特币树立起了一面强有力的天然屏障。

[1] 阶：群论术语。在群论中，阶有两个可能的含义：一个群 G 的阶是指它的势，即其元素个数；类似于数论里的定义，设 a 是群 G 里的元素，e 是单位元，我们把使 $a_n = e$ 成立的最小正整数 n 称为 a 的阶，并记作 ord（a）或 $|a|$。如果这样的 n 不存在，则把 a 的阶当作无限大，即 $|a| = \infty$。

私钥是唯一的证明

比特币客户端中的核心是私钥，拥有私钥就拥有私钥对应比特币的使用权限，所以，加密钱包的核心对象显而易见，就是私钥。

在解读整个比特币的加密体系前，先来看一些名词的含义。

（1）密码：从外部输入的，用来加密和解密钱包的字符串。

（2）主密钥：一个 32 字节的随机数，直接用于钱包中私钥的加密，加密完后立即删除。

（3）主密钥密文：根据外部输入密码对主密钥进行 AES-256-CBC[1] 加密的结果，该加密过程为对称加密。

（4）主密钥密文生成参数：主要保存了由主密钥得到主密钥密文过程中参与运算的一些参数。由该参数配合密码可以反推得到主密钥。

（5）私钥：椭圆曲线算法私有密钥，即钱包中的核心。拥有私钥就拥有私钥对应的比特币使用权，而私钥对应的公钥只是关联比特币，没有比特币的使用权限。

（6）私钥密文：主密钥对私钥进行 AES-256-CBC 加密的结果，过程为对称加密。整个加密解剖图如图 23-3 所示。

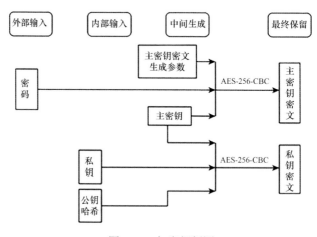

图 23-3　加密解剖图

1　AES-256-CBC：AES 全称 Advanced Encryption Standard，即高级加密标准，在密码学中又称 Rijndael 加密法。AES 的基本要求：采用对称分组密码体制，区块长度固定为 128bit，密钥长度则可以是 128、192 或 256bit。CBC 全称 Cipher Block Chaining，即密码分组链接，适合传输长度长的报文。

根据加密解剖图，我们把加密过程解剖如下。

程序生成 32 字节随机数作为主密钥，然后根据外部输入的密码结合生成的主密钥密文生成参数一起对主密钥进行 AES-256-CBC 加密，加密结果为主密钥密文。将主密钥对钱包内的私钥进行 AES-256-CBC 加密，得到私钥密文，待加密完成后，删除私钥，保留私钥密文。同时，删除主密钥，保留主密钥密文和主密钥密文生成参数。这样，钱包的加密就完成了。

以下是对加密过程的输入 / 输出的总结。

（1）输入：密码。

（2）中间生成：主密钥、主密钥密文生成参数、主密钥密文、私钥密文。

（3）最终保留：主密钥密文生成参数、主密钥密义、私钥密文。

（4）内部输入：私钥。

比特币使用椭圆曲线算法生成的公钥和私钥，选择的是 Secp256k1 曲线。SHA-256 十分强大，它不像从 MD5 到 SHA-1 那样增强步骤，而是可以持续数十年，除非存在大量突破性攻击。也正是因为这样一套非常完备的加密体系，比特币在初期就得到了很多极客、技术派、自由主义者和无政府主义者的信赖。他们相信数学，而不是相信中本聪。

当然，比特币钱包的加密体系虽然非常安全，但整个比特币生态并非无懈可击。在算力争夺战争中，比特币的中心化早已远远超出了法币的中心化。一次次利益纷争的背后，实际是一场场权力与利益的博弈。

在这一过程中，总有人试图成为权威，同时也让数学构建货币信任机制的发展充满了层层阻碍。

结语
比特币本质是一种数学

从诞生初衷上看，比特币以解决双花问题[1]及拜占庭将军问题为

1　双花问题："双花"即双重支付，指的是在数字货币系统中，由于数据的可复制性，系统可能存在同一笔数字资产因不当操作被重复使用的情况。

目标，试图以建立点对点的电子现金系统让一切回到货币发展的本质。从实现基础上看，比特币就是建立在已有的数学理论之上；从安全保障上看，无论密钥对生成，还是私钥签名和签名验证，都离不开椭圆曲线函数的加固保障。将这三者浓缩为一点，数学就是比特币的基石。

虽然自由主义者认为比特币承载了"此物一出天下反"的理想，但实际上比特币仍然只是数学在互联网世界的一种延伸。无论赋予它多少荣耀与光环，它仍然只是一段开源程序、一种密码算法、一个P2P 的电子支付系统、一台世界性的计算机、一个人类新的底层操作系统。与 TCP/IP[1]、支付宝、P2P 一样，其最大的意义就是为人类服务，否则最终只会沦为科技先验者的实证游戏。

2010 年 12 月 12 日，中本聪在比特币论坛上发布最后一个帖子，随后活动频率逐渐降低。

2011 年 4 月，中本聪发布最后一项公开声明，宣称自己"已经开始专注于其他事情"。

此后，中本聪消失，再未现身。

传奇也好，传说也罢，起源于数学世界的比特币，已经开启了它的创世之旅。

1　TCP/IP：互联网协议（Internet Protocol Suite）是一个网络通信模型，以及一整个网络传输协议家族，为互联网的基础通信架构。这些协议最早发源于美国国防部（United States Department of Defense，DoD）的 ARPA 网项目，因此也被称为 DoD 模型（DoD Model）。这个协议族由互联网工程任务组负责维护。

人物索引

1.

朱塞佩·皮亚诺（Giuseppe Peano，1858—1932）：意大利数学家，数学逻辑和集合理论先驱。

克里斯蒂安·哥德巴赫（Christian Goldbach，1690—1764）：德国数学家，因提出哥德巴赫猜想而闻名。

戈特弗里德·莱布尼茨（Gottfried Leibniz，1646—1716）：德国哲学家、数学家，与牛顿先后独立发现微积分，数理逻辑奠基人。

2.

刘徽（约 225—295）：数学家，中国古典数学理论的奠基人之一。

毕达哥拉斯（Pythagoras，约公元前 580—公元前 500）：古希腊数学家、哲学家，以"万物皆数"为信念。

3.

皮埃尔·德·费马（Pierre de Fermat，1601—1665）：法国业余数学家，提出费马大定理。

安德鲁·怀尔斯（Andrew Wiles，1953—　）：英国数学家，1995 年证明费马大定理。

4.

芝诺（Zeno，约公元前 490—公元前 425）：古希腊数学家、哲学家，以芝诺悖论著称。

艾萨克·牛顿（Isaac Newton，1643—1727）：英国物理学家、数学家、天文学家，与莱布尼茨先后独立发现微积分；描述万有引力和三大运动定律，奠定了力学和天文学的基础。

阿基米德（Archimedes，公元前 287—公元前 212 年）：古希腊哲学家、数学家、物理学家，被誉为"古典力学之父"。

卡尔·魏尔斯特拉斯（Karl Weierstrass，1815—1897）：德国数学家，被誉为"现代分析之父"。

让·巴普蒂斯·傅里叶（Jean Baptiste Fourier，1768—1830）：法国数学家、物理学家，创建傅里叶变换。

5.

尼古拉·哥白尼（Mikołaj Kopernik，1473—1543）：波兰天文学家、数学家，现代天文学的开拓者。

约翰尼斯·开普勒（Johannes Kepler，1571—1630）：德国天文学家、数学家，发现了行星运动的三大定律。

亨利·卡文迪许（Henry Cavendish，1731—1810）：英国化学家、物理学家，计算出万有引力常数和地球的重量，卡文迪许实验室就是为纪念他而命名。

6.

莱昂哈德·欧拉（Leonhard Euler，1707—1783）：瑞士数学家，被誉为"数学之王"。

皮埃尔-西蒙·拉普拉斯（Pierre-Simon Laplace，1749—1827）：法国数学家、天文学家，提出拉普拉斯妖。

7.

埃瓦里斯特·伽罗瓦（Évariste Galois，1811—1832）：法国数学家，与尼尔斯·阿贝尔并称为现代群论的创始人。

亚历山大·格罗滕迪克（Alexander Grothendieck，1928—2014）：德国数学家，现代代数几何的奠基者。

8.

玻恩哈德·黎曼（Bernhard Riemann，1826—1866）：德国数学家，黎曼几何学创始人。

冯·诺依曼（John von Neumann，1903—1957）：美籍匈牙利裔数学家、计算机科学家、物理学家，被称为"现代计算机之父"。

9.

安托万-洛朗·拉瓦锡（Antoine-Laurent de Lavoisier，1743—1794）：法国化学家、生物学家，被尊称为"现代化学之父"。

鲁道夫·克劳修斯（Rudolf Clausius，1822—1888）：德国物理学家、数学家，热力学的主要奠基人之一。

詹姆斯·克拉克·麦克斯韦（James Clerk Maxwell，1831—1879），英国物理学家、数学家，经典电动力学创始人，统计物理学奠基人之一。

路德维希·玻尔兹曼（Ludwig Boltzmann，1844—1906）：奥地利物理学家、哲学家，热力学和统计物理学的奠基人之一。

埃尔温·薛定谔（Erwin Schrödinger，1887—1961）：奥地利物理学家，量子力学奠基人之一。

10.

海因里希·鲁道夫·赫兹（Heinrich Rudolf Hertz，1857—1894）：德国物理学家，证实了电磁波的存在。

查利·奥古斯丁·库仑（Charles-Augustin de Coulomb，1736—1806）：法国物理学家，因库仑定律而闻名。

汉斯·克里斯蒂安·奥斯特（Hans Christian Ørsted，1777—1851）：丹麦物理学家，发现了电流磁效应。

安德烈·玛丽·安培（André-Marie Ampère，1775—1836）：法国物理学家、化学家、数学家，被麦克斯韦誉为"电学中的牛顿"。

迈克尔·法拉第（Michael Faraday，1791—1867）：英国物理学家、化学家，电磁学奠基人。

托马斯·杨（Thomas Young，1773—1829）：英国物理学家，光的波动说奠基人之一。

11.

阿尔伯特·爱因斯坦（Albert Einstein，1879—1955）：美籍德裔物理学家，现代物理学奠基人，狭义相对论和广义相对论创立者。

马克斯·普朗克（Max Planck，1858—1947）：德国物理学家，量子力学的重要创始人之一。

伽利略·伽利雷（Galileo Galilei，1564—1642）：意大利天文学家、物理学家、哲学家，近代实验科学先驱。

12.

尼尔斯·玻尔（Niels Bohr，1885—1962）：丹麦物理学家，哥本哈根学派创始人，提出了玻尔原子模型和互补原理。

沃纳·卡尔·海森堡（Werner Karl Heisenberg，1901—1976）：德国物理学家，量子力学的主要创始人，创立矩阵力学，提出不确定性原理。

路易·维克多·德布罗意（Louis Victor·Duc de Broglie，1892—1987）：法国理论物理学家，量子力学的奠基人之一，物质波理论创立者。

13.

保罗·狄拉克（Paul Dirac，1902—1984）：英国理论物理学家，量子力学的奠基人之一。

马克斯·玻恩（Max Born，1882—1970）：德国理论物理学家，量子力学的奠基人之一。

沃尔夫冈·泡利（Wolfgang E. Pauli，1900—1958）：美籍奥地利裔科学家、物理学家，提出泡利不相容原理。

张首晟（1963—2018）：美国华裔物理学家，主要从事凝聚态物理领域研究。

14.

杨振宁（1922— ）：世界著名物理学家，1954 年与米尔斯提出杨 - 米尔斯理论，1957 年获诺贝尔物理学奖。

彼得·希格斯（Peter Higgs，1929— ）：英国物理学家，因希格斯机制与希格斯粒子而闻名，2013 年获诺贝尔物理学奖。

弗里曼·戴森（Freeman Dyson，1923—2020）：美籍英裔物理学家、数学家，为量子电动力学做出决定性贡献。

15.

克劳德·香农（Claude Shannon，1916—2001）：美国数学家，被誉为"信息论之父"。

16.

费希尔·布莱克（Fischer Black，1938—1995）：美国经济学家，布莱克 - 斯科尔斯模型的提出者之一。

迈伦·斯科尔斯（Myron S.Scholes，1941— ）：美国经济学家，布莱克 - 斯科尔斯模型的提出者之一，1997 年获诺贝尔经济学奖。

18.

克里斯蒂安·惠更斯（Christiaan Huygens，1629—1695）：荷兰物理

学家、天文学家、数学家，提出向心力定律和动量守恒原理。

罗伯特·胡克（Robert Hooke，1635—1703）：英国物理学家，提出胡克定律。

勒内·笛卡儿（Rene Descartes，1596—1650）：法国哲学家、数学家、物理学家，被誉为"解析几何之父"，西方现代哲学思想的奠基人之一。

19.

爱德华·洛伦兹（Edward Lorenz，1917—2008）：美国气象学家，被誉为"混沌理论之父"，蝴蝶效应的发现者。

本华·曼德勃罗（Benoit Mandelbrot，1924—2010）：数学家，分形几何的创立者。

20.

雅各布·伯努利（Jakob Bernoulli，1654—1705）：瑞士数学家，概率论先驱之一，提出了伯努利试验与大数定理。

约翰·纳什（John Nash，1928—2015）：美国经济学家，提出纳什均衡博弈理论，曾获诺贝尔经济学奖。

约翰·拉里·凯利（John Larry Kelly，1923—1965）：美国科学家，以凯利公式闻名。

爱德华·索普（Edward Thorp，1932— ）：美国数学家，被称为"第一个战胜赌场的人"。

21.

托马斯·贝叶斯（Thomas Bayes，1702—1761）：英国数学家、数理统计学家、哲学家，贝叶斯统计的创立者。

22.

约瑟夫·拉格朗日（Joseph Louis Lagrange，1736—1813）：法籍意大利裔数学家、物理学家，分析力学创立者。

23.

中本聪（Satoshi Nakamoto）：真实身份未知，2009 年发布首个比特币软件，正式启动比特币金融系统。